88例学会
西门子PLC

主 编　王　建　王　莉

副主编　申　菲　王继文　杨焕新　吴亚丽　周旭楠

参　编　张郑亮　王春晖　张天一　孙　凯　韩春梅

　　　　李金镯　郝鑫虎　李　瑄　费光彦

中国电力出版社

CHINA ELECTRIC POWER PRESS

内 容 提 要

本书精选生产一线中 88 个有代表性的经典 PLC 控制实例，介绍西门子 PLC 基本指令、步进指令、高级指令的应用及 PLC 综合应用，并对相应程序的梯形图进行分析，内容涵盖西门子 PLC 基本控制电路、PLC 综合控制电路及 PLC 改造典型机床控制电路，帮助读者高效学习，快速掌握西门子 PLC 的编程及应用。

本书是自动化工程及电气技术人员的自学和培训用书，还可作为高职高专院校电气工程及自动化、机电一体化等专业的参考读物。

图书在版编目（CIP）数据

88 例学会西门子 PLC／王建，王莉主编. —北京：中国电力出版社，2019.4
ISBN 978-7-5198-2587-4

Ⅰ. ①8… Ⅱ. ①王… ②王… Ⅲ. ①PLC 技术 Ⅳ. ①TM571.61

中国版本图书馆 CIP 数据核字（2018）第 253223 号

出版发行：中国电力出版社
地　　址：北京市东城区北京站西街 19 号（邮政编码 100005）
网　　址：http://www.cepp.sgcc.com.cn
责任编辑：莫冰莹（010-63412526）
责任校对：黄　蓓　常燕昆
装帧设计：赵姗姗
责任印制：杨晓东

印　　刷：三河市航远印刷有限公司
版　　次：2019 年 4 月第一版
印　　次：2019 年 4 月北京第一次印刷
开　　本：787 毫米×1092 毫米　16 开本
印　　张：17.75
字　　数：429 千字
印　　数：0001—2000 册
定　　价：59.00 元

前　言

　　PLC具有体积小、控制可靠且灵活、效率高及价格较低等特点，已在工业自动化生产线、数控机床及智能机器人等制造业领域得到了广泛的应用和普及，从事PLC开发及应用的人员越来越多。各类院校的电气、机电一体化专业及机械专业也都开设了有关PLC的课程，全国各类职业院校技能大赛以及全国职工技能大赛更是增加了有关PLC综合应用的项目。

　　为了更好地普及PLC技术，满足广大电气工作者学习的需求，我们组织一批有实践经验的专家、教授和高级技师编写本书。本书将生产一线中的经典实例进行归纳、充实和修改，特别是利用PLC去改造典型的控制电路，选择了具有代表意义的88个例子，对整体内容的深度和广度进行了梳理，本着由浅入深、由易到难，注重实践操作的理念，并且对编程技巧进行重点的分析，使程序的可移植性强。

　　本书以编程应用为切入点，深入浅出地介绍了PLC基本控制电路的应用、PLC综合控制电路的应用，以及利用PLC改造机床控制电路。内容简单易学，便于理解和掌握，能够为读者开阔PLC程序设计的思路和视野，提高PLC程序设计的可靠性和效率。通过对本书的学习，读者可以顺利地完成较为复杂的、具有多种功能的PLC控制电路的设计和开发。

　　但愿本书能为广大电气工作人员所乐用，希望本书成为您的良师益友！

　　本书的编写参考和借鉴了有关专家的论著、技术观点和许多宝贵的资料，在此对他们致以最衷心的感谢！

　　由于编者水平有限，书中若存在错漏和不妥之处，敬请读者批评指正。

编　者
2019年1月

目　录

一、PLC 基本控制电路

例❶ 三相异步电动机的连续控制电路

由接触器控制的三相异步电动机连续运行控制电路如图 1-1 所示。

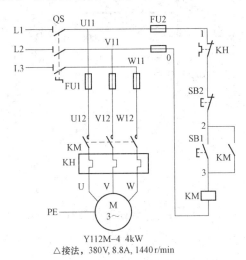

Y112M-4 4kW
△接法，380V, 8.8A, 1440 r/min

图 1-1　接触器自锁控制线路

1. 分配输入/输出（I/O）点数

为了将图 1-1 所示电路用 PLC 实现，PLC 需要 3 个输入点，1 个输出点。三相交流电动机自锁控制电路输入/输出端口分配见表 1-1。

表 1-1　　　　　　　　　　　　　　　　　输入/输出端口分配表

输　入			输　出	
输入点	元件	作用	输出点	元件
I0.0	SB1	启动按钮	Q0.0	交流接触器 KM
I0.1	SB2	停止按钮		
I0.2	KH	过载保护		

2. 画出接线图

根据分配输入/输出点数画出接线图，该电路的接线图有几种不同的形式，如图 1-2～图 1-4 所示。

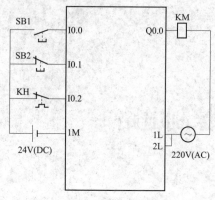

图1-2　自锁控制电路方案1

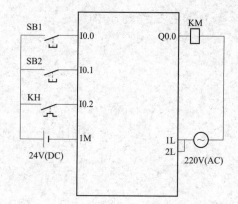

图1-3　自锁控制电路方案2

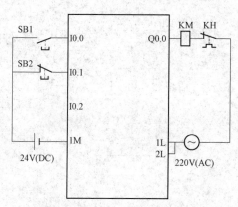

图1-4　自锁控制电路方案3

3. 编制梯形图

由不同控制方案的接线图的梯形图也是不同的，三种不同控制方案的梯形图分别如图1-5～图1-7所示。

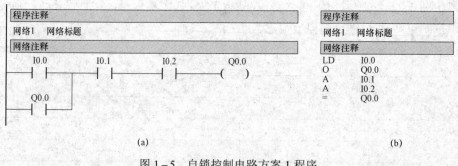

图1-5　自锁控制电路方案1程序

（a）梯形图；（b）指令表

（1）方案1。方案1的设计思路是沿用继电器控制系统中的触点类型，即：启动按钮SB1在继电器控制系统中使用动合触点，停止按钮SB2和热继电器FR的过载保护触点在继电器系统中使用动断触点，那么在PLC控制电路中仍然采用。图2的动作原理与继电器控制系统中得自锁电路相同。

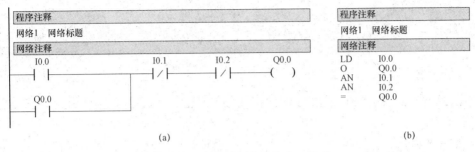

图 1-6 自锁控制电路方案 2 程序
(a) 梯形图；(b) 指令表

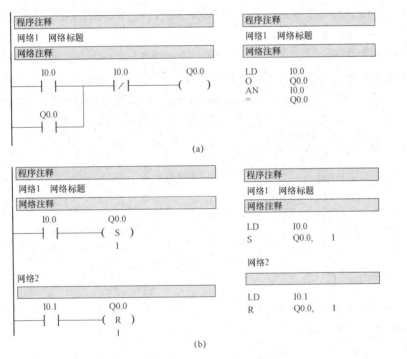

图 1-7 自锁控制电路方案 3 程序
(a) 程序 1；(b) 程序 2

（2）方案 2。方案 2 的设计思路是所有输出点类型全部采用动合触点。即：启动按钮 SB1、停止按钮 SB2 和热继电器 FR 的保护触点全部采用动合触点。其动作过程是：当 SB2\FR 不动作时，I0.1、I0.2 不接通，I0.1、I0.2 的动合触点断开，动断触点闭合，主电路接通，电动机 M 运行。梯形图中 Q0.0 的动合触点接通，使得 Q0.0 的输出保持，维持电动机的运行，指导按下 SB2，此时 I0.1 接通，动断触点断开，使 Q0.0 断开，Q0.0 的外接 KM 线圈释放，进而使电动机 M 停转。

（3）方案 3。方案 3 的设计思路是将过载保护的动断触点接在输出端，此时热继电器 FR 不受 PLC 的控制，保护形式与继电器控制系统相同。输入/输出端口分配表见表 1-2。

表 1-2   输入/输出端口分配表

输 入			输 出	
输入点	元件	作用	输出点	元件
I0.0	SB1	启动按钮	Q0.0	交流接触器 KM
I0.1	SB2	停止按钮		

方案 3 的梯形图有两种。

图 1-7（a）所示程序与方案 1 和方案 2 相似；图 1-7（b）所示程序则是采用了置位与复位指令来实现的。当按下 SB1 时，I0.0 接通，I0.0 的动断触点闭合，使 Q0.0 置位并保持，Q0.0 外接的 KM 线圈吸合，KM 的主触点闭合，进而使电动机 M 连续运行；当按下 SB2 时，I0.1 接通，I0.1 的动断触点闭合，使 Q0.0 复位，Q0.0 外接的 KM 线圈释放，KM 的主触点断开，进而使电动机 M 停止运行。

例 ② 三相异步电动机的连续与点动混合控制电路

机床设备在正常工作时，一般需要电动机处在连续运转状态。但在试车或调整刀具与工件的相对位置时，又需要电动机能点动控制，实现这种工艺的电路是连续与点动混合正转控制电路。图 2-1 所示电路是在接触器自锁控制线路的基础上，把手动开关串接在自锁电路中。显然，当把 SA 闭合或打开时，就可实现电动机的连续和或点动控制。

图 2-1（b）所示电路是在接触器自锁控制线路的基础上增加了一个复合按钮，来实现连续与点动混合正转控制的。按下 SB1 为连续正转控制；按下 SB3 为点动正转控制。

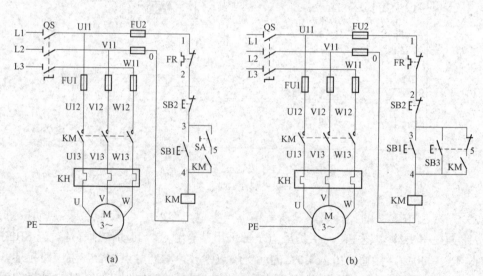

图 2-1   连续与点动混合正转控制电路图
(a) 控制电路 1；(b) 控制电路 2

1. 分配输入/输出（I/O）点数

首先要进行输入/输出点数的分配。输入/输出点数分配表见表 2-1。

表 2-1　　　　　　电动机点动与自锁混合控制 PLC 控制系统输入/输出点数分配表

输　入			输　出		
代号	元件功能	输入点	代号	元件功能	输出点
SB1	连续	I0.1	KM1	正转控制	Q0.0
SB2	停止按钮	I0.2			
SB3	点动	I0.0			
FR	过载保护	I0.3			

2. 画出输入/输出（I/O）接线图

用西门子 S7-200 型可编程序控制器实现三相交流异步电动机点动与自锁混合控制的输入/输出接线，如图 2-2 所示。

图中输入侧的电池符号表示实际接线时可直接与 PLC 自带的 24V 直流电源相连接。

3. 根据控制要求编写 PLC 程序

由图 2-2 和表 2-1 可以看出，输入元件分别和输入继电器 I0.0~I0.3 相对应，而控制三相交流异步电动机的接触器 KM 由输出继电器 Q0.0 控制。即输出继电器 Q0.0 得电，接触器 KM 得电。现将图 2-1 的继电器控制电路改成 PLC 程序，如图 2-3 所示。

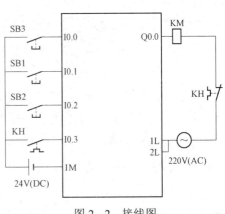

图 2-2　接线图

程序注释
网络1　网络标题
网络注释

```
          I0.0                    Q0.0
         ──┤├──────────────────────( )──────────────────

          M0.0
         ──┤├──

          I0.1      I0.2    I0.3    I0.0           M0.0
         ──┤├──────┤/├────┤/├────┤/├──────────( )──────

          M0.0
         ──┤├──
```

　　　　　　　　　　(a)

程序注释
网络1　网络标题
网络注释

```
LD    I0.1
LD    I0.0
AN    I0.0
OLD
ON    I0.0
O     I0.0
A     I0.0
AN    I0.2
AN    I0.3
=     Q0.0
```

　　　　　　　　　　(b)

图 2-3　点动与自锁控制 PLC 程序
（a）梯形图；（b）指令表

例 ❸　三相异步电动机的正反转控制电路

在实际生产中，许多情况都要求三相交流异步电动机既能正转又能反转，其方法是对调任意两根电源相线以改变三相电源的相序，从而改变电动机的转向。继电器控制的三相交流异步电动机正反转控制电路电气原理如图 3-1 所示。

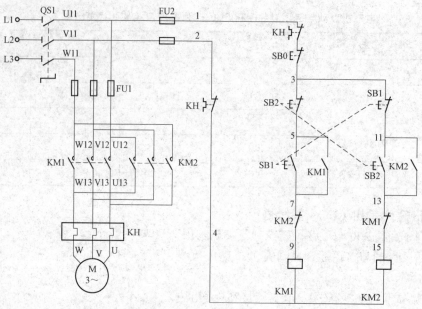

图3-1 三相交流异步电动机正反转控制电路

1. 分配输入/输出（I/O）点数

首先要进行输入/输出点数的分配。输入/输出点数分配表见表3-1。

表3-1　　　　　　　　电动机正反转 PLC 控制系统输入/输出点数分配表

输　入			输　出		
代号	元件功能	输入点	代号	元件功能	输出点
SB1	正转启动	I0.1	KM1	正转控制	Q0.0
SB2	反转启动	I0.2	KM2	反转控制	Q0.1
SB0	停止按钮	I0.0			
KH	过载保护	I0.3			

2. 画出输入/输出（I/O）接线图

用西门子 S7-200 型可编程序控制器实现三相交流异步电动机正反转控制的输入/输出接线，如图3-2所示。

图中输入侧的电池符号实际接线时可直接与 PLC 自带的 24V 直流电源相连接。

3. 根据控制要求编写 PLC 程序

由图3-2和表3-1可以看出，输入元件分别和输入继电器 I0.0～I0.3 相对应，而控制三相交流异步电动机正反转的接触器 KM1、KM2 分别由输出继电器 Q0.0 和 Q0.1 控制。即输出继电器 Q0.0 得电，接触器 KM1 得电；输出继电器 Q0.1 得电，则接触器 KM2 得电。现将图3-1的继电器控制电路改成 PLC 程序，如图3-3所示。

图中将热继电器 FR 动合触点对应的输入点 I0.3 动断触点移至前面，因为 PLC 程序规定输出继电器线圈必须和右母线直接相连，中间不能有任何其他元件。

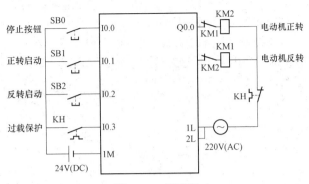

图 3-2 接线图

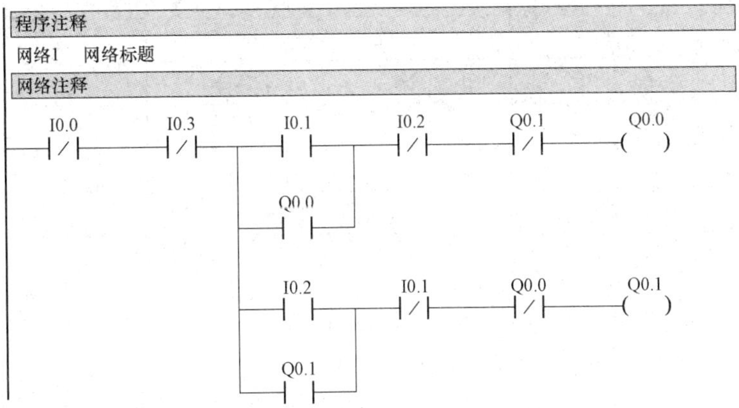

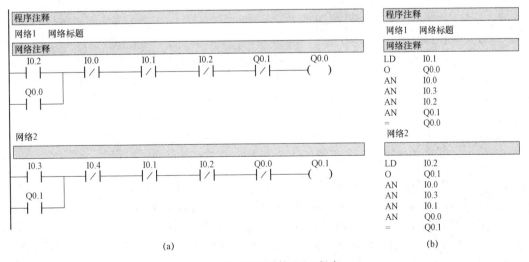

(a)

程序注释

网络1 网络标题

网络注释

```
LDN    I0.0
AN     I0.3
LPS
LD     I0.1
O      Q0.0
ALD
AN     I0.2
AN     Q0.1
=      Q0.0
LPP
LD     I0.2
O      Q0.1
ALD
AN     I0.1
AN     Q0.0
=      Q0.1
```

(b)

图 3-3 正反转控制 PLC 程序

（a）梯形图；（b）指令表

在梯形图编写时，并联多的支路应尽量靠近母线，以减少程序步数。为此可将三相交流异步电动机正反转控制 PLC 程序改成如图 3-4 所示的 PLC 程序。

(a)

程序注释

网络1 网络标题

网络注释

```
LD     I0.1
O      Q0.0
AN     I0.0
AN     I0.3
AN     I0.2
AN     Q0.1
=      Q0.0
```

网络2

```
LD     I0.2
O      Q0.1
AN     I0.0
AN     I0.3
AN     I0.1
AN     Q0.0
=      Q0.1
```

(b)

图 3-4 改进后的 PLC 程序

（a）梯形图；（b）指令表

例 ④ **三相异步电动机自动正反转控制电路**

具体要求：当按下启动按钮，KM1 线圈通电，电动机正转；经过 5s 延时，KM1 线圈断电，同时 KM2 线圈通电，电动机反转；再经过 3s 延时，KM2 线圈断电，KM1 线圈通电。这样反复 10 次后电动机停止运行。

1. 分配输入/输出（I/O）点数。

输入/输出点数分配见表 4-1。

表 4-1   输入/输出点数分配表

输 入			输 出		
名称	代号	输入点	名称	代号	输出点
停止按钮	SB1	I0.1	正转接触器	KM1	Q0.0
启动按钮	SB2	I0.2	反转接触器	KM2	Q0.1
启动按钮	SB3	I0.3			
热继电器 1	KH1	I0.0			
热继电器 2	KH2	I0.4			

2. 画出接线图

接线图如图 4-1 所示。

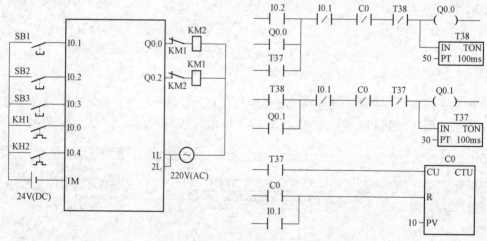

图 4-1   接线图

3. 编制程序

自动正反转控制的 PLC 程序如图 4-2 所示。

例 ⑤ **行程开关控制的位置控制电路**

行程开关控制的位置控制电路如图 5-1 所示，工厂车间里的行车常采用这种电路，右下角是行车运动示意图，行车的两头终点处各安装了一个位置开关 SQ1 和 SQ2，将这两个位置开关的动断触头分别串联在正转和反转控制线路中，行车前后各装有挡铁 1 和挡铁 2，行车的行程和位置可通过位置开关的安装位置来调节。

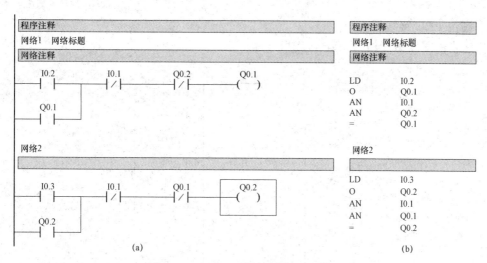

图 4-2 自动正反转控制的 PLC 程序

（a）梯形图；（b）指令表

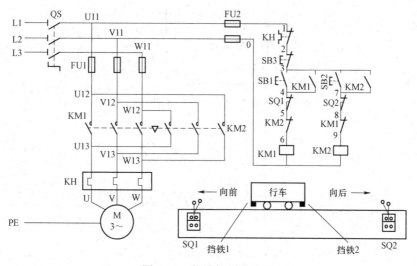

图 5-1 位置控制电路图

1. 分配输入/输出（I/O）点数

输入/输出点数分配表见表 5-1。

表 5-1　　　　　　　　　　　　输入/输出点数分配表

输　入			输　出		
名称	代号	输入点	名称	代号	输出点
停止按钮	SB1	I0.1	接触器（控制正转）	KM1	Q0.0
正转启动按钮	SB2	I0.2	接触器（控制反转）	KM2	Q0.1
反转启动按钮	SB3	I0.3			
行程开关	SQ1	I0.5			
行程开关	SQ2	I0.6			

2. 画出 PLC 接线图

PLC 接线图如图 5－2 所示。

I0.0
SB1
I0.1
SB2
I0.2
SB3
I0.3
SA2
I0.4
SQ1
I0.5
SQ2
I0.6
1M
24V(DC)
KM1
Q0.1
KM2
KM2
Q0.2
KM1
KH
1L
2L
220V(AC)

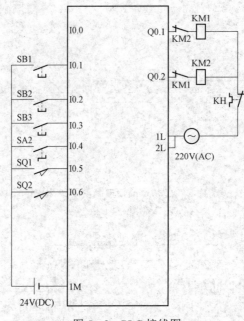

图 5－2　PLC 接线图

3. 编制程序

行程开关控制的位置控制电路的 PLC 程序如图 5－3 所示。

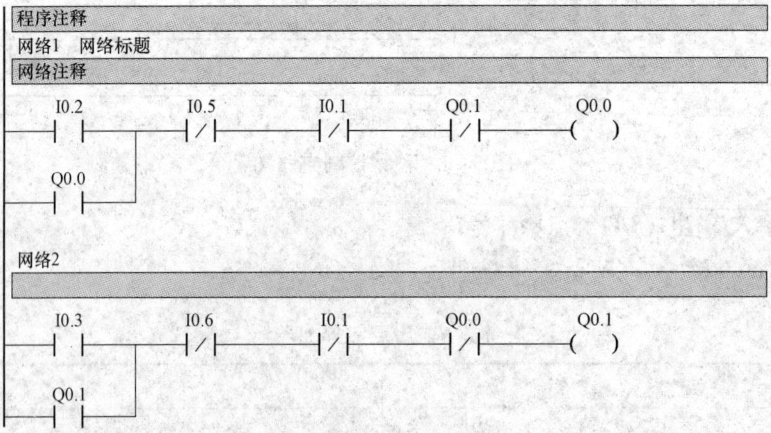

程序注释
网络1　网络标题
网络注释
I0.2
I0.5
I0.1
Q0.1
Q0.0
Q0.0
网络2
I0.3
I0.6
I0.1
Q0.0
Q0.1
Q0.1

图 5－3　行程开关控制的位置控制电路的 PLC 程序

例 6　用接近开关作自动停止的位置控制电路

图 6－1 所示即为用接近开关作自动停止的可逆运行控制电路。该电路采用了新型无触点晶体管接近开关，工作时它只须将一块可移动的金属片接近到规定位置，则接近开关的触点就会动作而接通控制电路。

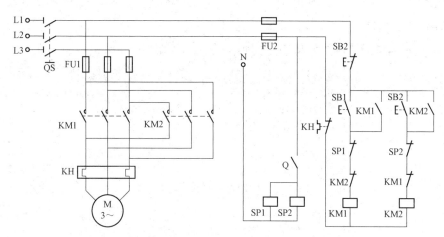

图 6-1　用接近开关作自动停止的可逆运行控制电路

具体要求：用 PLC 改造用接近开关作自动停止的可逆运行控制电路，根据要求设计轧钢机控制系统的 PLC 程序。

1. 分配输入/输出（I/O）点数

输入/输出点数分配表见表 6-1。

表 6-1　　　　　　　　　　　　　　　　输入/输出点数分配表

输　入			输　出		
名称	代号	输入点	名称	代号	输出点
启动按钮 1	SB1	I0.0	电动机正转	KM1	Q0.0
启动按钮 2	SB2	I0.1	电动机反转	KM2	Q0.1
停止按钮 1	SB3	I0.3			
传感器 1	SP1	I0.4			
传感器 2	SP2	I0.5			

2. 画出接线图

接线图如图 6-2 所示。

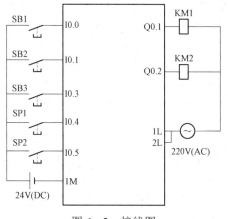

图 6-2　接线图

11

3. 编制 PLC 程序

用接近开关做自动停止的可逆运行控制 PLC 程序如图 6-3 所示。

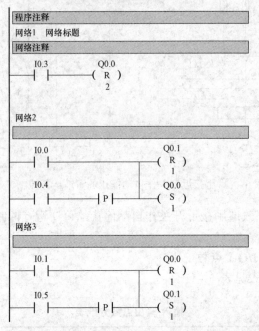

图 6-3　用接近开关做自动停止的可逆运行控制 PLC 程序

例 7　三相异步电动机自动往返控制电路 1

三相异步电动机自动往返控制电路如图 7-1 所示。

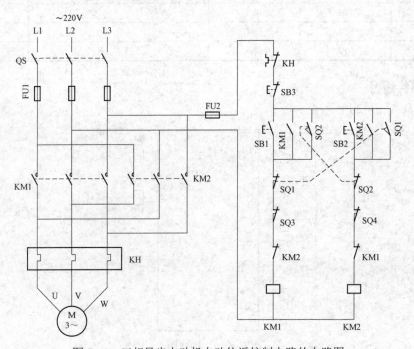

图 7-1　三相异步电动机自动往返控制电路的电路图

该项目为三相异步电动机自动往返控制电路。在编程时，只需要 3 个按钮来控制电动机 M：2 个复合按钮和 1 个停止按钮。需要 4 个行程开关：2 个控制往返；2 个作为终端保护。需要 2 个接触器，不需要用到定时器和计数器。

1. 分配输入/输出（I/O）点数

PLC 输入/输出分配表见表 7-1。

表 7-1   输 入 / 输 出 分 配 表

输 入			输 出		
名称	代号	输入点	名称	代号	输出点
正转启动按钮	SB1	I0.0	接触器（正）	KM1	Q0.1
往返限位开关	SQ1	I0.1	接触器（反）	KM2	Q0.2
往返限位开关	SQ2	I0.2			
终端限位开关	SQ3	I0.3			
终端限位开关	SQ4	I0.4			
反转启动按钮	SB2	I0.5			
停止按钮	SB3	I0.6			
热继电器	KH	I0.7			

2. 画出接线图

输入/输出接线图如图 7-2 所示。

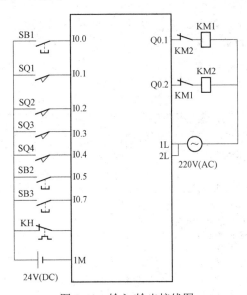

图 7-2   输入/输出接线图

3. 编制程序

自动往返控制电路的 PLC 程序如图 7-3 所示。

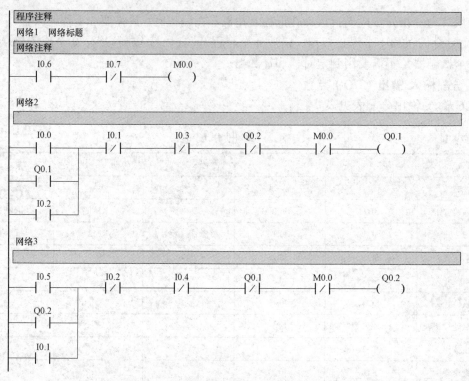

图 7-3 自动往返控制电路的 PLC 程序

例 8 带点动和单循环控制的自动往返控制电路

具体要求：对于自动往返控制电路在进行检修和调试时需要进行点动或单循环控制，将自动往返控制电路进行完善，使其具有点动和单循环的控制功能。

1. 分配输入/输出（I/O）点数

输入/输出点数分配表见表 8-1。

表 8-1 　　　　　　　　　　　　　　　　　　输入/输出点数分配

输　　入			输　　出		
名称	代号	输入点	名称	代号	输出点
点动/自动 选择开关	SA1	I0.0	接触器（控制正转）	KM1	Q0.0
停止按钮	SB1	I0.1	接触器（控制反转）	KM2	Q0.1
正转启动按钮	SB2	I0.2			
反转启动按钮	SB3	I0.3			
单循环/连续循环 选择开关	SA2	I0.4			
行程开关	SQ1	I0.5			
行程开关	SQ2	I0.6			
行程开关	SQ3	I0.7			
行程开关	SQ4	I1.0			

2. 画出接线图

输入/输出接线图如图 8−1 所示。

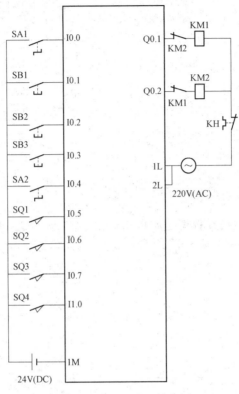

图 8−1　输入/输出接线图

3. 编制程序

（1）实现点动程序功能程序设计。根据点动控制的概念可知，如果解除自锁功能，就能实现点动控制与自动控制，设 SA1 闭合后，实现工作台点动控制。在梯形图中，利用 I0.0 分别与实现自动控制的动合触点 Q0.0、Q0.1 串联，实现点动与自动控制的选择。SA1 闭合后，输入继电器 Q0.0 线圈得电，则 I0.0 动断触点断开，使 Q0.0、Q0.1 失去自锁作用，实现了系统的点动控制。

（2）实现单循环控制程序的设计。单循环工作方式是指按启动按钮后，工作台由原位前进，当撞块压合 SQ2 后由工作台前进转为后退，后退到原位后撞块压合 SQ1 后，使工作台停在原位。由分析可知，如果撞块压合 SQ1，则 I0.5 动断触点断开，使 Q0.1 线圈失电，工作台停止后退。在 I0.5 动合触点闭合后，只要不使 Q0.0 线圈得电，工作台就不会前进，这样便实现了单循环控制。

采用开关 SA2 选择单循环控制，当 SA2 闭合后，输入继电器 I1.0 线圈得电，I0.4 动断触点断开，与 I0.4 动断触点串联的 I0.5 动断触点失去作用，即在 I0.5 动合触点常闭后，Q0.0 线圈也不能得电，工作台不能前进。带点动和单循环控制的自动往返控制电路 PLC 程序如图 8−2 所示。

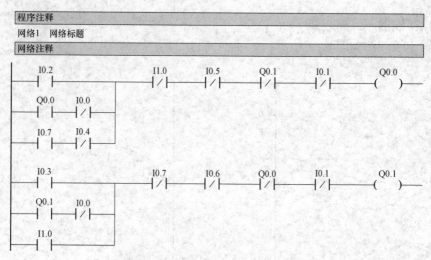

图 8-2　带点动和单循环控制的自动往返控制电路 PLC 程序

例 ⑨　三相异步电动机自动往返控制电路 2

图 9-1 所示为另一种三相异步电动机自动往返控制电路。

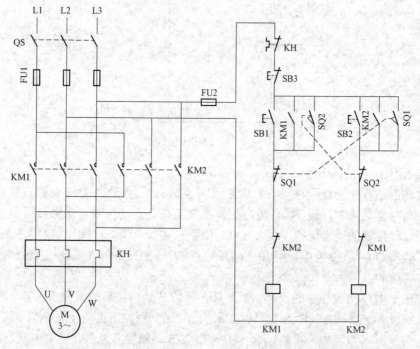

图 9-1　三相异步电动机自动往返控制电路的电路图

该题目为三相异步电动机自动往返控制电路。在编程时，只需要 3 个按钮来控制电动机 M：2 个复合按钮和 1 个停止按钮。需要 2 个行程开关控制往返，需要 2 个接触器，不需要用到定时器和计数器。

1. 分配输入/输出（I/O）点数

输入/输出分配表见表 9-1。

表 9-1　　　　　　　　　　　　　　　输入/输出点数分配表

输　入			输　出		
名称	代号	输入点	名称	代号	输出点
正转启动按钮	SB1	I0.0	接触器（正）	KM1	Q0.1
往返限位开关	SQ1	I0.1	接触器（反）	KM2	Q0.2
往返限位开关	SQ2	I0.2			
极限限位开关	SQ3	I0.3			
极限限位开关	SQ4	I0.4			
反转启动按钮	SB2	I0.5			
停止按钮	SB3	I0.6			
热继电器	KH	I0.7			

2. 画出接线图

输入/输出接线图如图 9-2 所示。

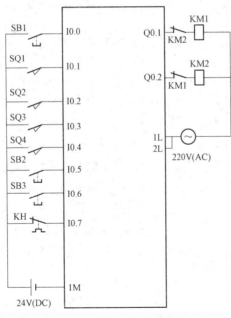

图 9-2　输入/输出接线图

3. 编制程序

自动往返控制电路 2 的 PLC 程序如图 9-3 所示。

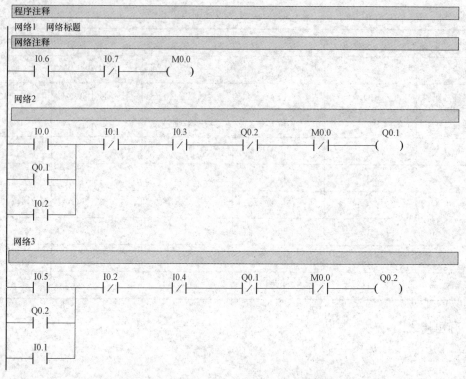

图9-3 自动往返控制电路2的PLC程序

例⑩ 具有循环次数控制的自动往返电路1

具体要求：小车由电动机拖动，按下启动按钮，小车前进到达 B 处自动停止，停留 3s 后，小车自动返回到 A 处，在 A 处停留 5s 后，小车再次前进到 B 处，停留后又自动返回 A 处，如此自动循环 2 次小车停止。要求设置启动和停止按钮，按下停止按钮后，系统停止运行。有必要的电气保护和连锁。工作示意图如图 10-1 所示。

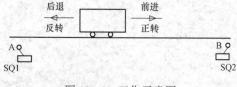

图10-1 工作示意图

该题目为三相异步电动机行程自动控制电路。属于电动机正反转的控制，但对行程有控制要求，对时间有控制要求，还要有一定的循环次数控制。

在编程时，只需要 2 个按钮来控制电动机 M：1 个启动按钮和 1 个停止按钮。需要 2 个行程开关；需要 2 个接触器，还要要用到定时器和计数器。

1. 分配输入/输出（I/O）点数

输入/输出分配表见表 10-1。

表 10-1   输入/输出点数分配表

输 入			输 出		
名称	代号	输入点编号	名称	代号	输出点编号
启动按钮	SB1	I0.0	接触器（正）	KM1	Q0.1
停止按钮	SQ1	I0.1	接触器（反）	KM2	Q0.2

输　　入			输　　出		
名称	代号	输入点编号	名称	代号	输出点编号
限位开关 A	SQ2	I0.2			
限位开关 B	SQ3	I0.3			

2. 画出接线图

输入/输出接线图如图 10－2 所示。

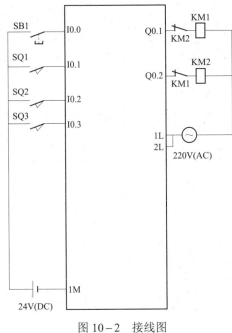

图 10－2　接线图

3. 编制程序

具有循环次数控制的自动往返电路 1 的 PLC 程序如图 10－3 所示。

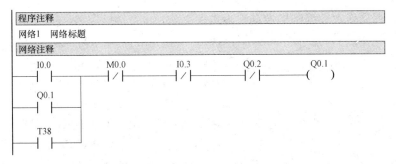

图 10－3　具有循环次数控制的自动往返电路 1 的 PLC 程序（一）

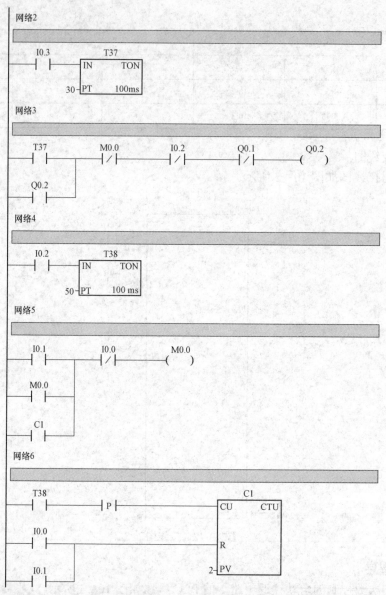

图 10-3　具有循环次数控制的自动往返电路 1 的 PLC 程序（二）

例 11　具有循环次数控制的自动往返电路 2

具体要求：如图 11-1 所示，某工作台由一台三相异步电动机拖动，启动后由 SQ2 向 SQ1 前进，当前进到 SQ1 时返回，返回到 SQ2 时前进，以此进行往复运动 5 次。SQ3、SQ4 为限位点，当工作台压下 SQ3 或 SQ4 时，工作台立即停止。当按下停止按钮时，工作台立即停止。有必要的电气保护和连锁。

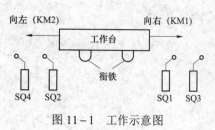

图 11-1　工作示意图

该电路为三相异步电动机的行程自动往返控制电路。属于电动机正反转的控制，但对行程有控制要求，有一定的循环次数控制要求。在编程时，只需要 2 个按钮来控制电动机 M：1 个启动按钮和 1 个停止按钮。需要 2 个行程开关；需要 2 个接触器，还要用到计数器。

1. 分配输入/输出（I/O）点数

输入/输出点数分配表见表 11－1。

表 11－1   输入/输出点数分配表

输　入			输　出		
名称	代号	输入点	名称	代号	输出点
正转启动按钮	SB1	I0.0	接触器（前）	KM1	Q0.1
正转限位开关	SQ1	I0.1	接触器（退）	KM2	Q0.2
反转限位开关	SQ2	I0.2			
限位开关	SQ3	I0.3			
限位开关	SQ4	I0.4			
停止按钮	SB2	I0.5			

2. 画出接线图

输入/输出接线图如图 11－2 所示。

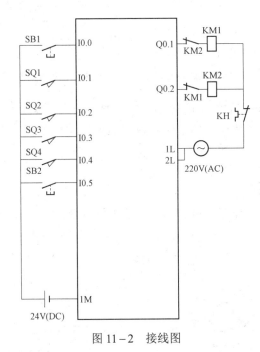

图 11－2   接线图

3. 编制程序

具有循环次数控制的自动往返电路 2 的 PLC 程序如图 11－3 所示。

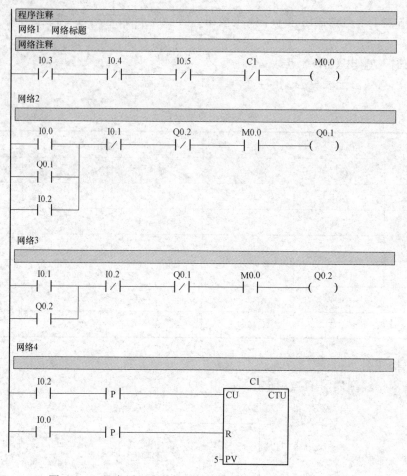

图 11-3　具有循环次数控制的自动往返电路 2 的 PLC 程序

例⑫　具有点动/循环次数控制的自动往返电路

具体要求：工作台自动往返循环工作示意图如图 12-1 所示。工作台的前进、后退由电动机通过丝杠驱动。控制要求如下：

（1）自动循环工作。

（2）点动工作（供调试用）。

（3）单循环运行，即工作台前进、后退一次循环后停在原位。

（4）8 次循环计数控制。即前进、后退为一个循环，循环 8 次后自动停在原位。

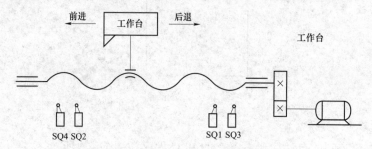

图 12-1　工作台自动往返循环工作示意图

工作台前进与后退是通过电动机正、反转来控制的，所以完成这一动作只要用电动机正、反转控制基本程序即可。工作台控制方式有点动和自动连续控制方式，可以采用程序（软件的方法）实现两种运行方式的转换，也可以采用控制开关 SA1（即硬件的方法）来选择。设控制开关 SA1 闭合时，工作台工作在点动控制状态，SA1 断开时，工作台工作在自动连续控制状态。

工作台有单循环与多次循环两种状态，也可以采用控制开关来选择。设 SA2 闭合时，工作台实现单循环工作，SA2 断开时，工作台实现多次循环工作。多次循环工作要限定循环次数，所以选择计数器进行控制。

1. 分配输入/输出（I/O）点数

输入/输出点数分配表见表 12-1。

表 12-1 输入/输出点数分配表

输 入			输 出		
名称	代号	输入点	名称	代号	输出点
点动/自动选择开关	SA1	I0.0	接触器（控制正转）	KM1	Q0.0
停止按钮	SB1	I0.1	接触器（控制反转）	KM2	Q0.1
正转启动按钮	SB2	I0.2			
反转启动按钮	SB3	I0.3			
单循环/连续循环选择开关	SA2	I0.4			
正转限位行程开关	SQ1	I0.5			
反转限位行程开关	SQ2	I0.6			
反转终端行程开关	SQ3	I0.7			
正转终端行程开关	SQ4	I1.0			

2. 画出接线图

输入/输出接线图如图 12-2 所示。

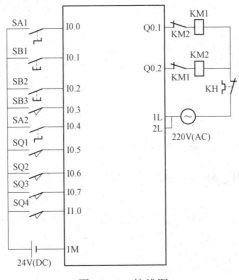

图 12-2 接线图

3. 编制程序

具有点动/循环次数控制的自动往返电路 PLC 程序如图 12-3 所示。

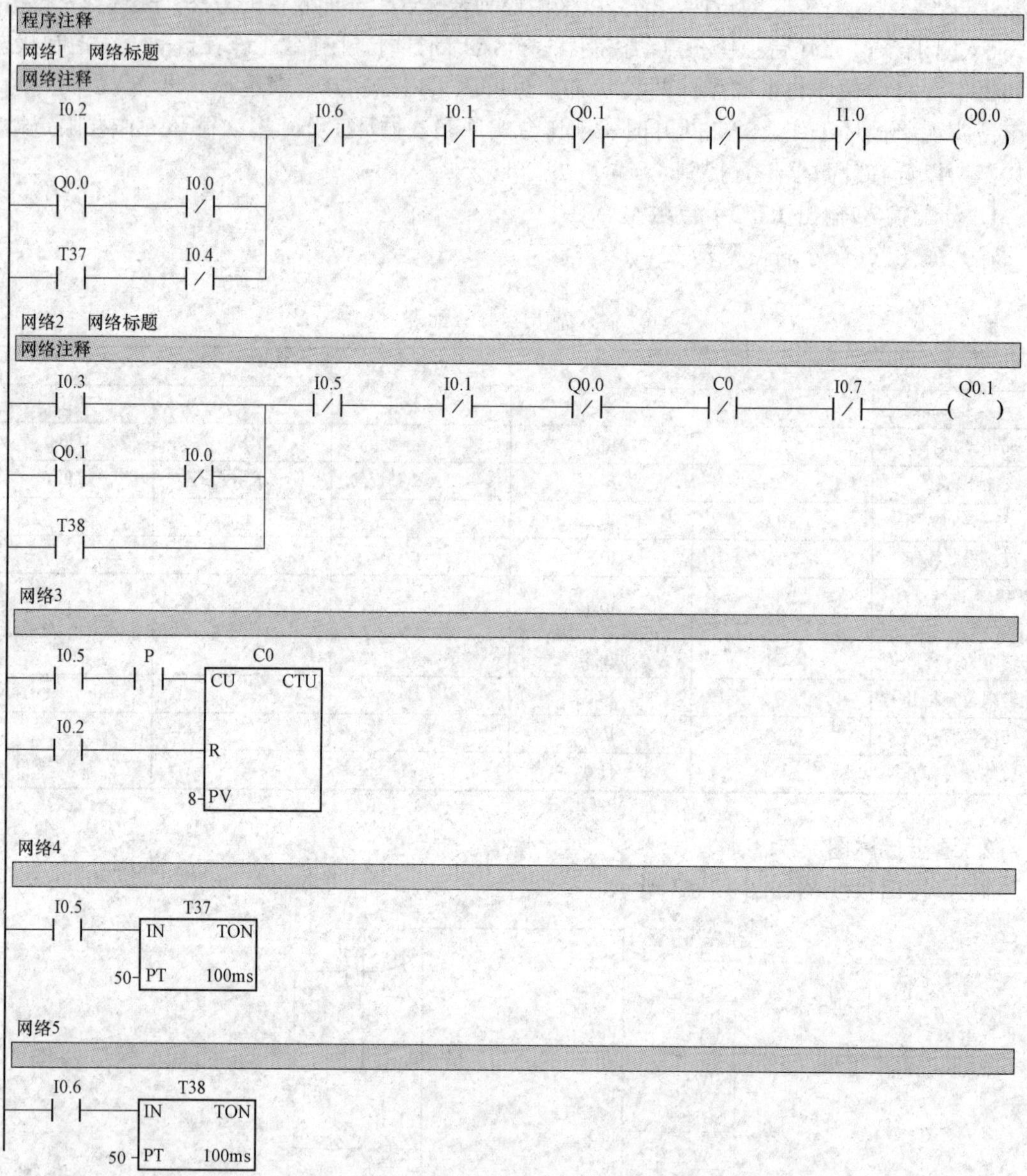

图 12-3 具有点动/循环次数控制的自动往返电路 PLC 程序

例 ⑬ 2 台笼型电动机按顺序启动/停止（M1 先启、后停）控制电路

具体要求：

（1）启动：按下按钮 SB11，M1 电动机首先启动，按下按钮 SB21，M2 电动机才能启动；

（2）停止：按下按钮 SB22，M2 电动机首先停止；按下按钮 SB12，M1 电动机才能停止。

两台笼型电动机按顺序启动/停止（M1 先启、后停）电路如图 13-1 所示。

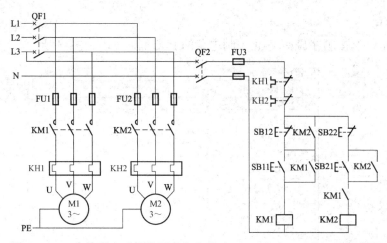

图 13-1　2 台笼型电动机按顺序启动/停止（M1 先启、后停）控制电路

该电路为无进给切削自动循环控制电路的控制。其控制要求为：刀架的控制由位置控制和时间控制要求；能进行手动停止或启动操作。

在编程时，只需要 2 个行程开关、停止按钮和启动按钮来控制电动机 M1 和 M2 两个对象。需要用到定时器。

1. 分配输入/输出（I/O）点数

输入/输出点数分配表见表 13-1。

表 13-1　　　　　　　　　　　　　输入/输出点数分配表

输　入			输　出		
名称	代号	输入点编号	名称	代号	输出点编号
M1 启动按钮	SB11	I0.0	接触器	KM1	Q0.1
M1 停止按钮	SB12	I0.1	接触器	KM2	Q0.2
M2 启动按钮	SB21	I0.2			
M2 停止按钮	SB22	I0.3			

2. 绘制接线图

根据 PLC 输入/输出分配表画出接线图，如图 13-2 所示。

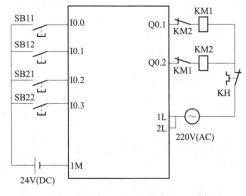

图 13-2　接线图

3. 编制程序

2 台笼型电动机按顺序启动/停止控制电路的 PLC 程序如图 13-3 所示。

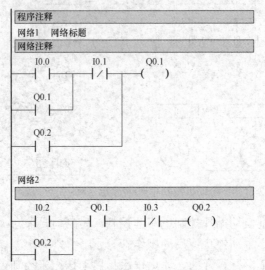

图 13-3　2 台笼型电动机按顺序启动/停止控制电路的 PLC 程序

例⑭　2 台笼型电动机按顺序启动/停止（M2 后启、后停）控制电路

具体要求：

（1）启动：按下按钮 SB11，M1 电动机首先启动，按下按钮 SB21，M2 电动机才能启动。

（2）停止：按下按钮 SB12，M1 电动机首先停止；按下按钮 SB22，M2 电动机才能停止。

按要求完成用 PLC 实现 2 台笼型电动机按顺序启动、停止（M2 后启、后停）的编程。

PLC 实现 2 台笼型电动机按顺序启动/停止（M2 后启、后停）控制电路如图 14-1 所示。

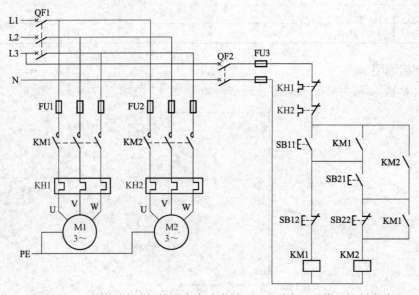

图 14-1　2 台笼型电动机按顺序启动/停止（M2 后启、后停）控制电路

该电路为 2 台笼型电动机按顺序启动/停止（M2 后启、后停）控制电路。在编程时，只需要两个 4 个按钮来控制电动机 M1 和 M2 两个对象。不需要用到定时器。

1. 分配输入/输出（I/O）点数

输入/输出点数分配表见表 14-1。

表 **14-1**　　　　　　　　　　　　　输入/输出点数分配表

输　入			输　出		
名称	代号	输入点编号	名称	代号	输出点编号
M1 启动按钮	SB11	I0.0	接触器	KM1	Q0.1
M1 停止按钮	SB12	I0.1	接触器	KM2	Q0.2
M2 启动按钮	SB21	I0.2			
M2 停止按钮	SB22	I0.3			

2. 绘制接线图

根据 PLC 输入/输出点数分配表画出接线图，如图 14-2 所示。

3. 编制程序

2 台笼型电动机按顺序启动/停止控制电路 PLC 程序如图 14-3 所示。

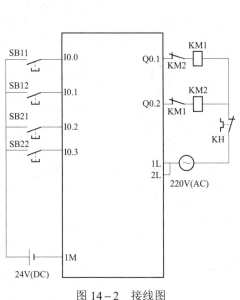

图 14-2　接线图

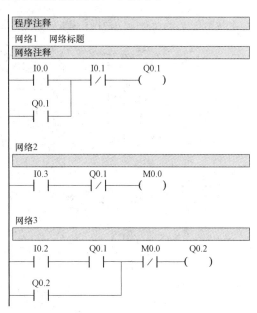

图 14-3　2 台笼型电动机按顺序启动/
停止控制电路 PLC 程序

例⑮　2 台电动机先后启动自动控制电路

具体要求：图 15-1 所示为某车间 2 条顺序相连的传送带，为了避免运送的物料在 2 号传送带上堆积，按下启动按钮后，2 号传送带开始运行，5s 后 1 号传送带自动启动。而停止时，则是 1 号传送带先停止，10s 后 2 号传送带才停止。用 PLC 编程实现顺序相连传送带的控制系统是本例主要解决的问题。

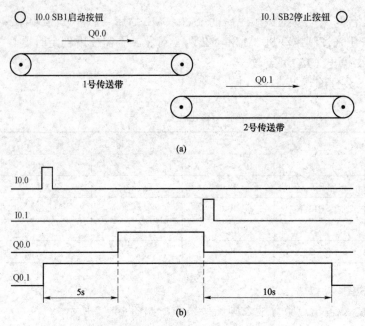

图 15-1 车间两条顺序相连的传送带
（a）工作原理示意图；（b）时序图

继电器控制的三相交流异步电动机顺序控制电路电气原理如图 15-2 所示。

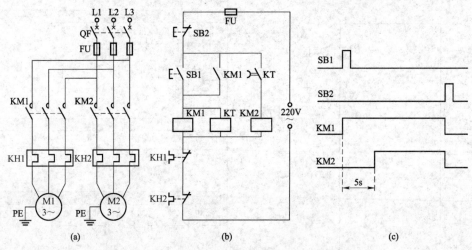

图 15-2 2 台电动机先后启动自动控制电路
（a）主电路；（b）控制电路；（c）时序图

由时序图可知 SB1 和 SB2 分别是电动机 M1 的启动和停止按钮，SB2 同时也是电动机 M2 的停止按钮，但 M2 的启动是由时间继电器 KT 控制的，KT 是通电延时继电器，在用 PLC 实现时，可用定时器来完成相应功能。为了将这个控制关系用 PLC 来控制器实现，PLC 需要 4 个输入点，2 个输出点和 1 个定时器。

1. 分配输入/输出（I/O）点数

输入/输出点数分配表见表 15-1。

表15-1 输入/输出点数分配表

输入			内部与输出		
输入点	代号	作用	内部与输出点	代号	作用
I0.0	SB1	M1 启动按钮	Q0.1	KM1	M1 用交流接触器
I0.1	SB2	停止按钮	Q0.2	KM2	M2 用交流接触器
I0.2	KH1	M1 过载保护	T37	KT	5s 延时
I0.3	KH2	M2 过载保护			

2. 画出接线图

用三菱 FX-2N 型可编程序控制器实现三相交流异步电动机正反转控制的输入/输出接线图，如图15-3所示。

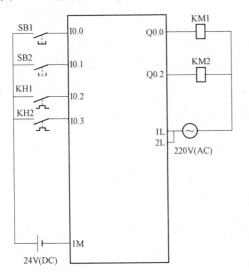
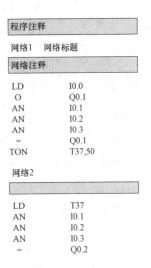

图15-3 接线图

3. 编制程序

2 台电动机先后启动自动控制电路 PLC 程序如图15-4所示。

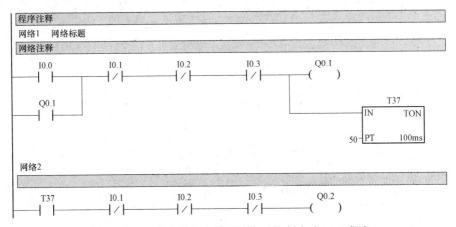

图15-4 2 台电动机先后启动自动控制电路 PLC 程序

例 16 **3台电动机顺序启停控制电路**

具体要求：某一生产线的末端有一台三级皮带运输机，分别由 M1、M2、M3 3 台电动

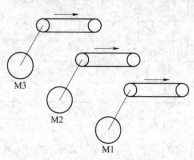

机拖动，启动时要求按 10s 的时间间隔，并按 M1→M2→M3 的顺序启动；停止时按 15s 的时间间隔，并按 M3→M2→M1 的顺序停止。皮带运输机的启动和停止分别由启动按钮和停止按钮来控制。三级皮带运输机工作示意图如图 16-1 所示。工作方式设置：手动时要求按下手动启动按钮，做一次上述过程。自动时要求按下自动按钮，能够重复循环上述过程。

图 16-1　工作示意图

1. 分配输入/输出（I/O）点数。

输入/输出点数分配表见表 16-1。

表 16-1　　　　　　　　　　　　　　　　输入/输出点数分配表

输入			输出		
名称	代号	输入点	名称	代号	输出点
启动	SB1	I0.0	电动机 1	M1	Q0.0
停止	SB2	I0.1	电动机 2	M2	Q0.1
手动/自动开关	SA1	I0.2	电动机 3	M3	Q0.2

2. 画出接线图

接线图如图 16-2 所示。

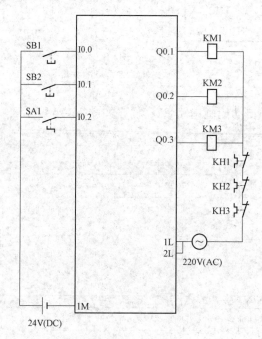

图 16-2　接线图

3. 编制程序

3 台电动机顺序启停控制电路 PLC 程序如图 16-3 所示。

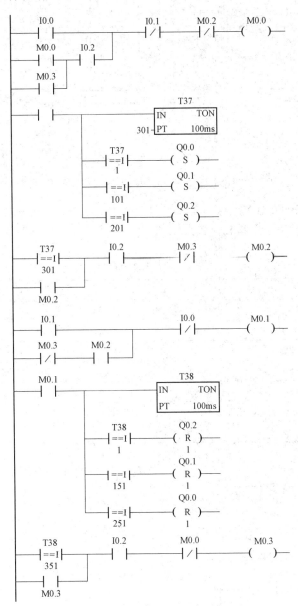

图 16-3　3 台电动机顺序启停控制电路 PLC 程序

例 ⑰　3 台电动机顺序启动逆序停止控制电路

具体要求：3 台电动机顺序启动逆序停止控制电路如图 17-1 所示。

该线路根据生产工艺流程的需要，电动机的启动顺序为 M1、M2、M3，即按顺序启动；停止顺序为 M3、M2、M1，即按逆序停止。当 M1、M2 出现故障停止时，M3 能即时停止。3 台电动机均用熔断器和热继电器作过载及短路保护，如果其中任何一台电动机出现过载故障，3 台电动机都将停止。

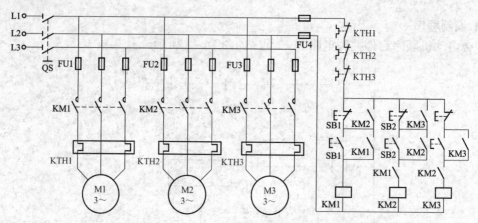

图 17-1　3台电动机顺序启动逆序停止控制电路

1. 分配输入/输出（I/O）点数

输入/输出点数分配表见表 17-1。

表 17-1　　　　　　　　　　输入/输出点数分配表

输入点分配			输出点分配		
名称	代号	输入点编号	名称	代号	输出点编号
启动按钮 1	SB1	I0.0	电动机 1	KM1	Q0.0
停止按钮 1	SB2	I0.1	电动机 2	KM2	Q0.1
启动按钮 2	SB3	I0.2	电动机 3	KM3	Q0.2
停止按钮 2	SB4	I0.3			
启动按钮 3	SB5	I0.4			
停止按钮 3	SB6	I0.5			

2. 画出接线图

输入/输出接线图如图 17-2 所示。

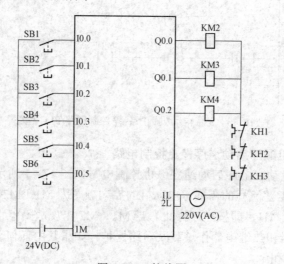

图 17-2　接线图

3. 编制程序

3 台电动机顺序启动逆序停止控制电路 PLC 程序如图 17-3 所示。

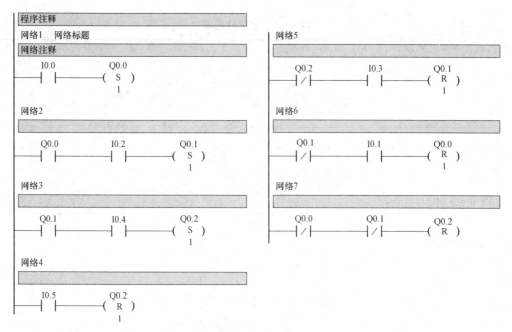

图 17-3　3 台电动机顺序启动逆序停止控制电路 PLC 程序

例⑱　点动与连续单向运行两地控制电路

图 18-1 所示为点动与连续单向运行两地控制电路。该电路采用 2 组按钮，故除了能对电动机进行点动与连续单向运行控制外，还可实行两地控制。操作时，按下启动按钮 SB1 或 SB2，接触器 KM 的电磁线圈得电接通主电路，其辅助触点闭合自锁，电动机作单向连续运行。按下点动按钮 SB3 或 SB4 时，由于这两只复合按钮的动断触点将接触器 KM 辅助触点断开而不能自锁，因而电动机即作点动断续运行。

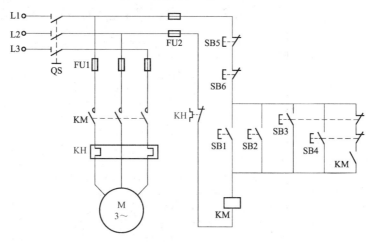

图 18-1　点动与连续单向运行两地控制电路

1. 分配输入/输出（I/O）点数

输入/输出点数分配表见表18-1。

表18-1 输入/输出点数分配表

输　入			输　出		
名称	代号	输入点	名称	代号	输出点
自锁启动按钮1	SB1	I0.0	电动机	KM1	Q0.0
自锁启动按钮2	SB2	I0.1			
点动启动按钮3	SB3	I0.2			
点动启动按钮4	SB4	I0.3			
停止按钮1	SB5	I0.4			
停止按钮2	SB6	I0.5			

2. 画出接线图

输入/输出接线图如图18-2所示。

3. 编制程序

点动与连续单向运行两地控制电路PLC程序如图18-3所示。

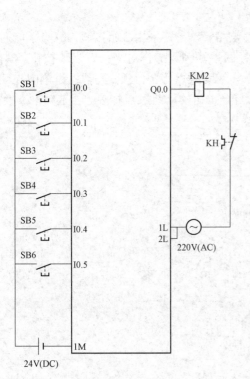

图18-2　接线图

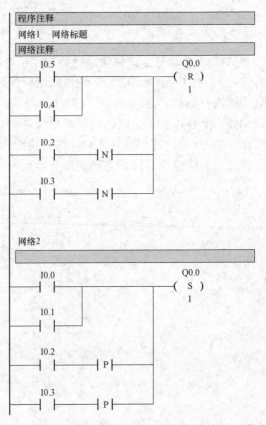

图18-3　点动与连续单向运行两地控制电路PLC程序

例⑲ 三相异步电动机自耦变压器降压启动控制电路

三相异步电动机定子串自耦变压器降压启动控制电路如图 19-1 所示。

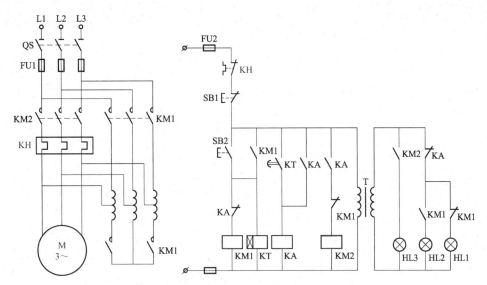

图 19-1 三相异步电动机降压启动控制电路

该电路实际上就是三相异步电动机降压启动控制电路。在编程时,只需要 2 个按钮来控制电动机 M;需要 2 个接触器,关键是需要用到定时器。

1. 分配输入/输出(I/O)点数

输入/输出点数分配表见表 19-1。

表 19-1　　　　　　　　　　　输入/输出点数分配表

输　入			输　出		
名称	代号	输入点	名称	代号	输出点
热继电器	KH	I0.0	中间继电器	KA	Q0.0
停止按钮	SB1	I0.1	接触器	KM1	Q0.1
启动按钮	SB2	I0.2	接触器	KM2	Q0.2
			指示灯	HL1	Q0.3
			指示灯	HL2	Q0.4
			指示灯	HL3	Q0.5

2. 画出接线图

输入/输出接线图如图 19-2 所示。

3. 编制程序

三相异步电动机降压启动控制电路 PLC 程序如图 19-3 所示。

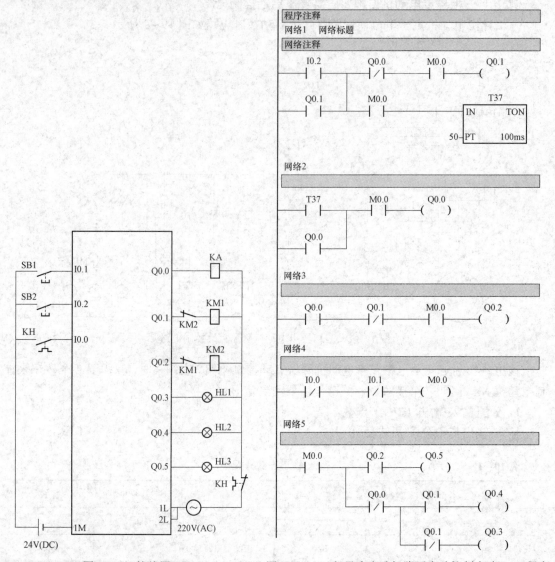

图 19-2 接线图   图 19-3 三相异步电动机降压启动控制电路 PLC 程序

例⑳ 三相异步电动机 Y-△降压启动控制电路

具体要求：按下启动按钮（I0.0）时，电源控制接触器（Q0.0）和星形控制接触器（Q0.1）得电吸合，电动机星形启动，延时 4s 后，星形控制接触器断开，△控制接触器（Q0.2）得电吸合，电动机转入正常△运行。当按下停止按钮（I0.1）或热继电器触点（I0.2）动作时，电动机停止运转。要再次启动电动机直接按下启动按钮即可（当过载保护时需等保护触点复位后方可）。继电器控制的 Y-△降压启动控制电路如图 20-1 所示。

1. 分配输入/输出（I/O）点数

输入/输出点数分配表见表 20-1。

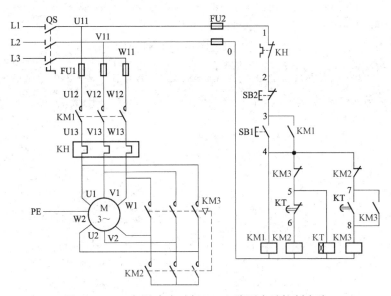

图 20-1　三相异步电动机 Y-△降压启动控制电路

表 20-1　　　　　　　　　　　　　　　　输入/输出点数分配表

输　　入			输　　出		
代号	名称	输入点	代号	名称	输出点
SB1	停止按钮	I0.1	KM1	电源控制	Q0.0
SB2	启动按钮	I0.2	KM2	星形（Y）连接	Q0.1
KH	过载保护	I0.2	KM3	三角形（△）连接	Q0.2

2. 画出接线图

用西门子 S7-200PLC 可实现三相交流异步电动机 Y-△降压启动的输入/输出接线图，如图 20-2 所示。

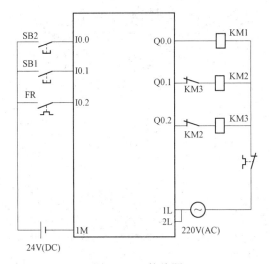

图 20-2　接线图

3. 编制程序

三相异步电动机 Y–△ 降压启动控制电路 PLC 程序如图 20–3 所示。

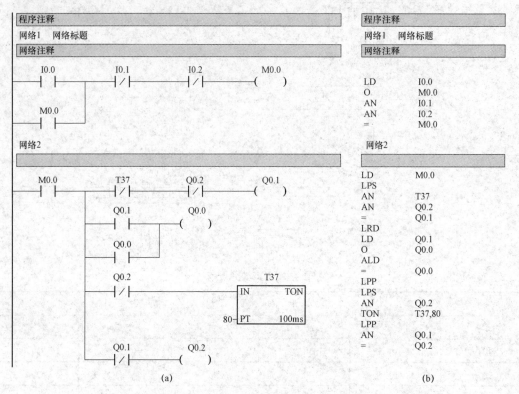

图 20–3　三相异步电动机 Y–△ 降压启动控制电路 PLC 程序

(a) 梯形图；(b) 指令表

例 ㉑　三相异步电动机 Y–△ 降压启动可逆运行控制电路

三相交流异步电动机 Y–△ 降压启动可逆运行的 PLC 控制线路如图 21–1 所示。

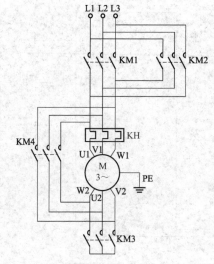

图 21–1　Y–△ 降压启动可逆运行控制电路

1. 分配输入/输出（I/O）点数

输入/输出点数分配表见表 21−1。

表 21−1　　　　　　　　　　　　　输入/输出点数分配表

输　　　入			输　　　出		
输入点	输入元件	作用	作用	输出元件	输出点
I0.0	SB1	正向启动按钮	正向运行用交流接触器	KM1	Q0.0
I0.1	SB2	反向启动按钮	反向运行用交流接触器	KM2	Q0.1
I0.2	SB3	停止按钮	Y 降压启动	KM3	Q0.2
			△全压运行	KM4	Q0.3

2. 画出接线图

输入/输出接线图如图 21−2 所示。

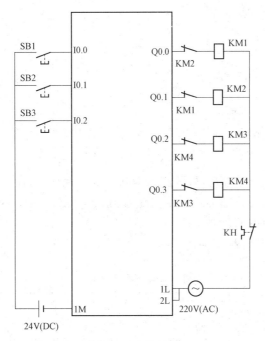

图 21−2　接线图

3. 编制程序

Y−△启动可逆运行控制电路 PLC 程序如图 21−3 所示，当按下 SB1 时，I0.0 接通，驱动 Q0.0、Q0.2 动作，电动机 M 作正向 Y 降压启动，3s 后，Q0.2 断开，Q0.3 接通，电动机 M 转入△全压运行。同理要分析反向运行。这里的动断触点 I0.0、I0.1 起到按钮互锁的作用，动断触点 Q0.0、Q0.1 和 Q0.2、Q0.3 分别起到接触器互锁的作用。

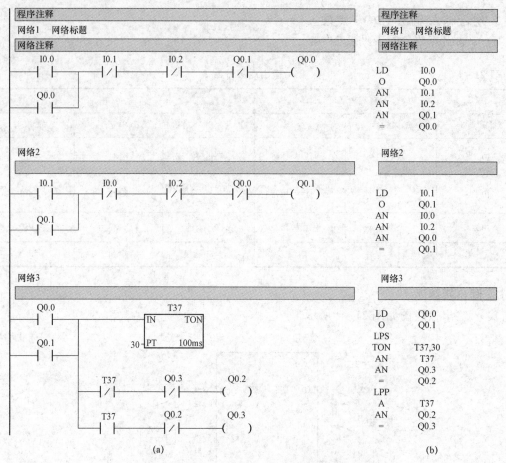

图21-3 Y-△启动可逆运行控制电路 PLC 程序

（a）梯形图；（b）指令表

例 22 三相异步电动机延边△降压启动控制电路

三相异步电动机延边△降压启动控制电路如图 22-1 所示。

1. 分配输入/输出（I/O）点数

输入/输出点数分配表见表 22-1。

表 22-1　　　　　　　　　　　　　输入/输出点数分配表

输　　入			输　　出		
名称	代号	输入点	名称	代号	输出点
启动按钮	SB1	I0.0	主电源	KM1	Q0.0
停止按钮	SB2	I0.1	延边△	KM2	Q0.2
			△	KM3	Q0.1

2. 画出接线图

接线图如图 22-2 所示。

40

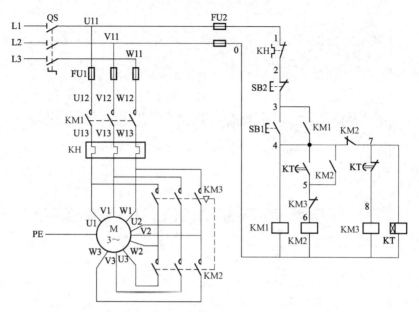

图 22-1　延边△降压启动控制电路

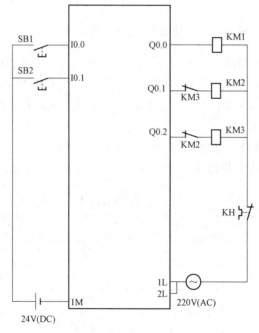

图 22-2　接线图

3. 编制程序

延边△降压启动控制电路 PLC 程序如图 22-3 所示。

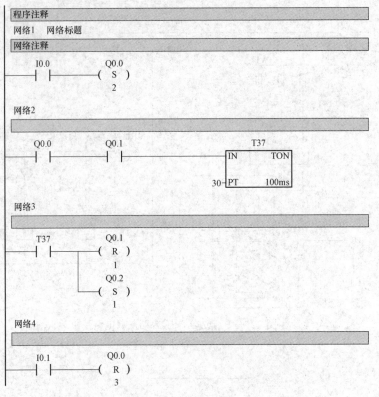

图22－3 延边△降压启动控制电路 PLC 程序

例㉓ 转子绕组串电阻启动控制电路 ▬▬▬▬▬▬▬

时间继电器自动控制的转子绕组串电阻启动控制电路如图 23－1 所示。该电路是用 3 个时间继电器 KT1、KT2、KT3 和 3 个接触器 KM1、KM2、KM3 的相互配合来依次自动切除转子绕组中的三级电阻的。

1. 分配输入/输出（I/O）点数

输入/输出点数分配表见表 23－1。

表 23－1　　　　　　　　　　　　　　　　输入/输出点数分配表

输 入			输 出		
名称	代号	输入点	名称	代号	输出点
启动按钮	SB1	I0.0	主电源	KM	Q0.0
停止按钮	SB2	I0.1	1级切除	KM1	Q0.1
			2级切除	KM2	Q0.2
			全压运行	KM3	Q0.3

2. 画出接线图

接线图如图 23－2 所示。

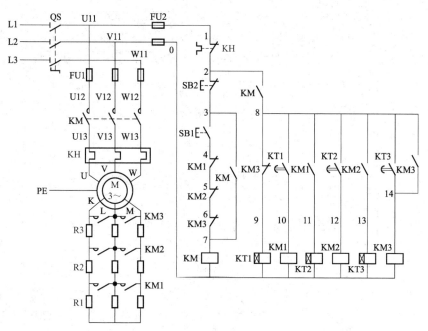

图 23-1 转子绕组串电阻启动控制电路

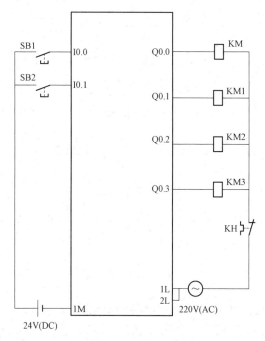

图 23-2 接线图

3. 编制程序

转子绕组串电阻启动控制电路 PLC 程序如图 23-3 所示。

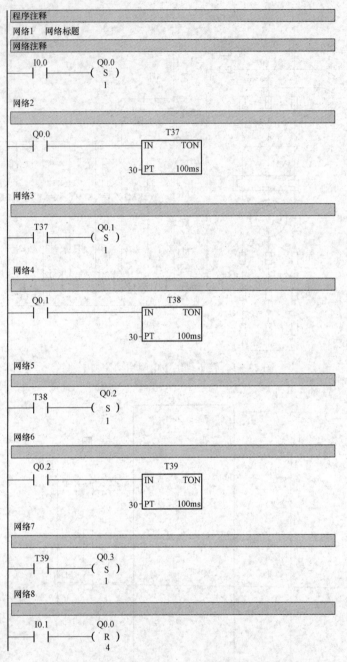

图 23-3 转子绕组串电阻启动控制电路 PLC 程序

例 24 转子绕组串接频敏变阻器可逆启动控制电路

按钮控制的转子绕组串接频敏变阻器可逆启动控制电路如图 24-1 所示。该电路通过一个时间继电器 KT 及 3 个交流接触器 KM1、KM2、KM3 的配合，对电动机转子绕组串接频敏变阻器可逆启动电路进行控制。

1. 分配输入/输出（I/O）点数

输入/输出点数分配表见表 24-1。

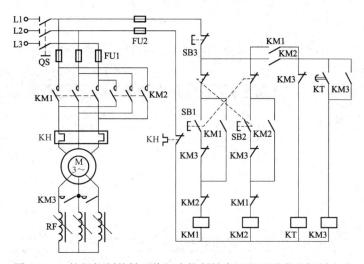

图 24-1 按钮控制的转子绕组串接频敏变阻器可逆启动控制电路

表 24-1   输入/输出点数分配表

输　　入			输　　出		
名称	代号	输入点	名称	代号	输出点
正转按钮	SB1	I0.0	正传	KM1	Q0.0
反转按钮	SB2	I0.1	反转	KM2	Q0.1
停止按钮	SB3	I0.2	全压运行	KM3	Q0.2

2. 画出接线图

接线图如图 24-2 所示。

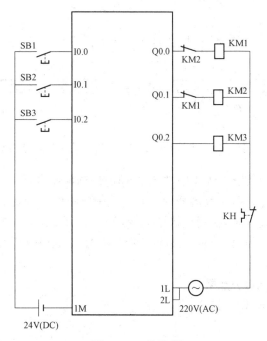

图 24-2 接线图

3. 编制程序

转子绕组串接频敏变阻器可逆启动控制电路 PLC 程序如图 24-3 所示。

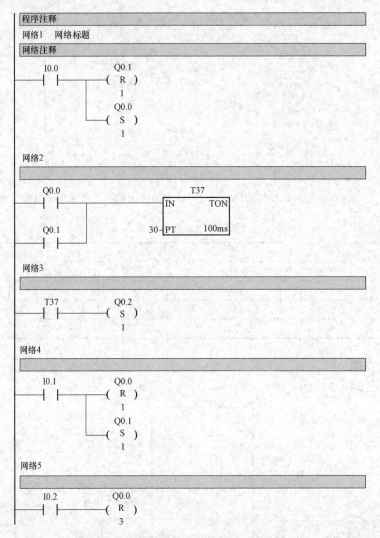

图 24-3 转子绕组串接频敏变阻器可逆启动控制电路 PLC 程序

例㉕ 时间继电器控制的电磁抱闸制动器通电制动控制电路 ▬▬▬▬▬

时间继电器控制的电磁抱闸制动器通电制动控制电路如图 25-1 所示。该电路当按下启动按钮 SB1 时,交流接触器 KM1 得电接通电源,电动机开始运转。若按下停止按钮 SB2 时,交流接触器 KM1 切断电动机的电源,并同时又使 KM2 接通电磁抱闸 YB 将电动机转轴"抱紧",使其迅速停转。

1. 分配输入/输出(I/O)点数

输入/输出点数分配表见表 25-1。

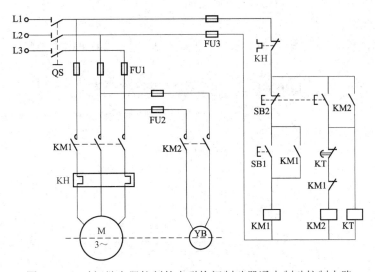

图 25-1 时间继电器控制的电磁抱闸制动器通电制动控制电路

表 25-1　　　　　　　　　　　　输入/输出点数分配表

输　　　入			输　　　出		
名称	代号	输入点	名称	代号	输出点
启动按钮	SB1	I0.0	电动机	KM1	Q0.0
停止按钮	SB2	I0.1	制动	KM2	Q0.1

2. 画出接线图

接线图如图 25-2 所示。

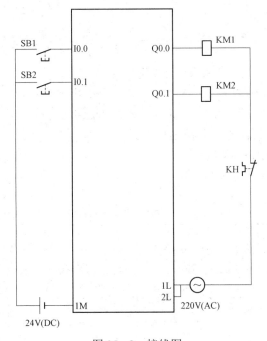

图 25-2　接线图

47

3. 编制程序

时间继电器控制的电磁抱闸制动器通电制动控制电路 PLC 程序如图 25-3 所示。

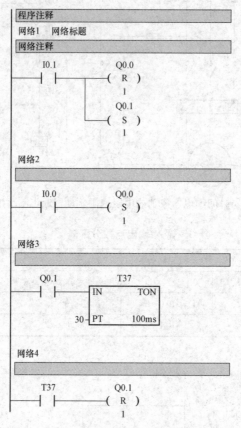

图 25-3　时间继电器控制的电磁抱闸制动器通电制动控制电路 PLC 程序

例 26　三相异步电动机单向反接制动控制电路

单向反接制动控制电路如图 26-1 所示。该电路的主电路和正反转控制线路相同，只是在反接制动时增加了 3 个限流电阻，线路中 KM1 为正转运行接触器，KM2 为反接制动接触器，KS 为速度继电器，其轴与电动机轴相连。

1. 分配输入/输出（I/O）点数

输入/输出点数分配表见表 26-1。

表 26-1　　　　　　　　　　　　输入/输出点数分配表

输　　入			输　　出		
名称	代号	输入点	名称	代号	输出点
启动按钮	SB1	I0.0	电动机	KM1	Q0.0
停止按钮	SB2	I0.1	反接制动	KM2	Q0.1
速度继电器	KS	I0.2			

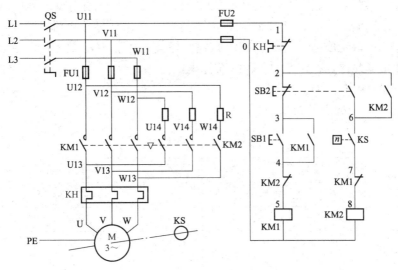

图 26-1　单向反接制动控制电路

2. 画出接线图

接线图如图 26-2 所示。

3. 编制程序

单向反接制动控制电路 PLC 程序如图 26-3 所示。

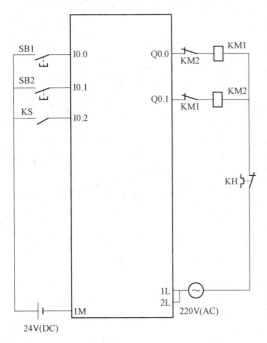

图 26-2　接线图

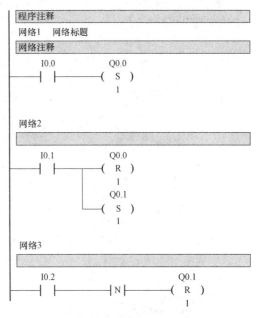

图 26-3　单向反接制动控制电路 PLC 程序

例 27　粉末冶金制品压制机控制系统

粉末冶金制品压制机控制系统如图 27-1 所示。

具体要求：装好粉末后，按下启动按钮 SB1，冲头下行，将粉末压紧后，压力继电器 KA 动作（其动合触点闭合），延时 5s 后，冲头上行，至 SQ1 处停止后，模具下行，至 SQ3 处停止；操作工人取走成品后，按下 SB2 按钮，模具上行至 SQ2 处停止，系统回到初始状态。可随时按下紧急停止按钮 SB3，使系统停车。

1. 分配输入/输出（I/O）点数

输入/输出点数分配表见表 27-1。

表 27-1　　　　　　　　　　　　　　输入/输出点数分配表

输　入			输　出		
名称	代号	输入点	名称	代号	输出点
启动按钮	SB1	I0.0	冲头上行	KM1	Q0.0
停止按钮	SB2	I0.1	冲头下行	KM2	Q0.1
急停	SB3	I0.2	模具上行	KM3	Q0.2
压力继电器	KA	I0.3	模具下行	KM5	Q0.3
冲头上限	SQ1	I0.4			
模具上限	SQ2	I0.5			
模具下限	SQ3	I0.6			

2. 画出接线图

接线图如图 27-2 所示。

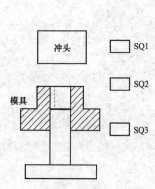

图 27-1　粉末冶金制品压制机控制系统

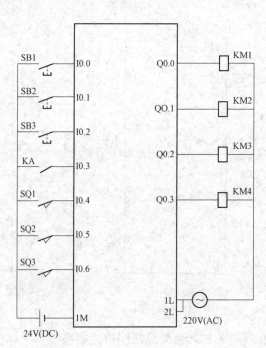

图 27-2　接线图

3. 编制程序

粉末冶金制品压制机控制系统 PLC 程序如图 27 - 3 所示。

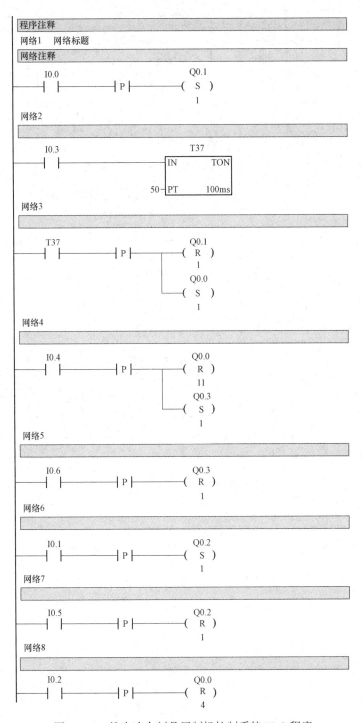

图 27 - 3　粉末冶金制品压制机控制系统 PLC 程序

例 28 无变压器单相半波整流能耗制动自动控制电路

无变压器单相半波整流能耗制动自动控制电路如图 28-1 所示。

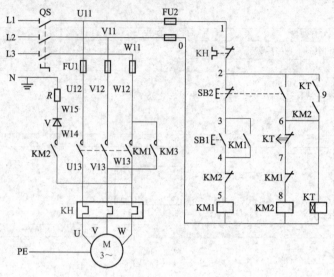

图 28-1 无变压器单相半波整流能耗制动自动控制电路

1. 分配输入/输出（I/O）点数

输入/输出点数分配表见表 28-1。

表 28-1 输入/输出点数分配表

输入			输出		
名称	代号	输入点	名称	代号	输出点
启动按钮	SB1	I0.0	电动机	KM1	Q0.0
停止按钮	SB2	I0.1	制动	KM2	Q0.1

2. 画出接线图

接线图如图 28-2 所示。

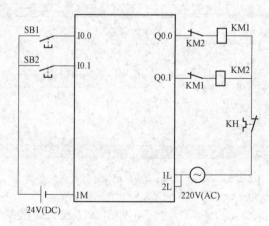

图 28-2 接线图

3. 编制程序

无变压器单相半波整流能耗制动自动控制电路 PLC 程序如图 28-3 所示。

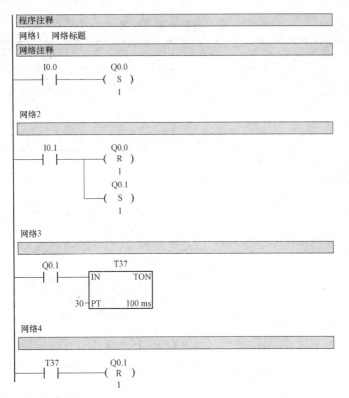

图 28-3　无变压器单相半波整流能耗制动自动控制电路 PLC 程序

例㉙　三相异步电动机定子串电阻降压启动控制电路

时间继电器自动控制的定子串电阻降压启动控制电路如图 29-1 所示。

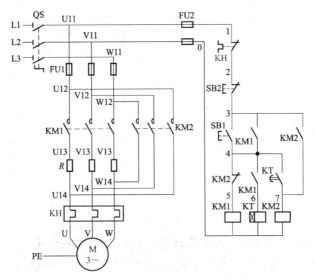

图 29-1　定子串电阻降压启动控制电路

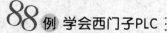

1. 分配输入/输出（I/O）点数

输入/输出点数分配表见表 29-1。

表 29-1　　　　　　　　　　　　输入/输出点数分配表

输　　入			输　　出		
名称	代号	输入点	名称	代号	输出点
启动按钮	SB1	I0.0	降压运行	KM1	Q0.0
停止按钮	SB2	I0.1	全压运行	KM2	Q0.1

2. 画出接线图

接线图如图 29-2 所示。

3. 编制程序

定子串电阻降压启动控制电路 PLC 程序如图 29-3 所示。

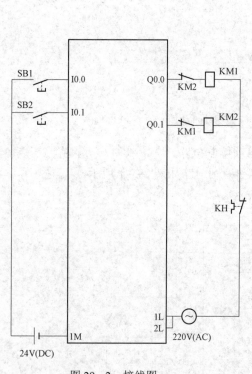

图 29-2　接线图

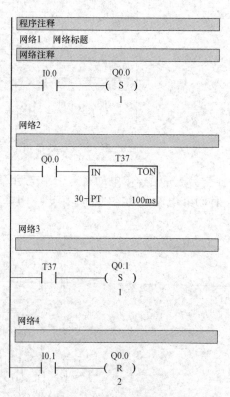

图 29-3　定子串电阻降压
启动控制电路 PLC 程序

例 ③⓪　三相异步电动机 Y-△启动断电延时能耗制动控制电路

三相异步电动机 Y-△启动断电延时能耗制动控制电路如图 30-1 所示。

具体要求：启动时，采用 Y 接法，经过一定时间自动转为△；停车时采用能耗制动。

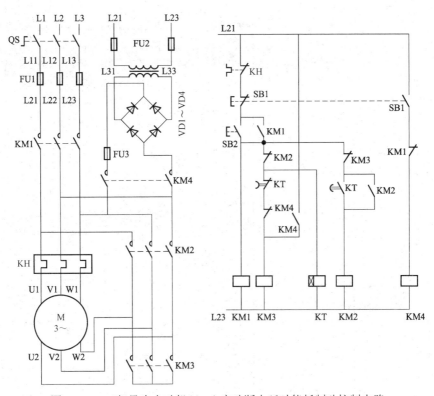

图 30-1　三相异步电动机 Y-△启动断电延时能耗制动控制电路

1. 分配输入/输出（I/O）点数

输入/输出点数分配表见表 30-1。

表 30-1　　　　　　　　　　　　　　输入/输出点数分配表

输　入			输　出		
名称	代号	输入点	名称	代号	输出点
启动按钮	SB1	I0.1	主交流接触器	KM1	Q0.0
停止按钮	SB2	I0.0	Y接触器	KM2	Q0.1
			△接触器	KM3	Q0.2
			能耗制动接触器	KM4	Q0.3

2. 画出接线图

接线图如图 30-2 所示。

3. 编制程序

Y-△启动断电延时能耗制动控制电路 PLC 程序如图 30-3 所示。

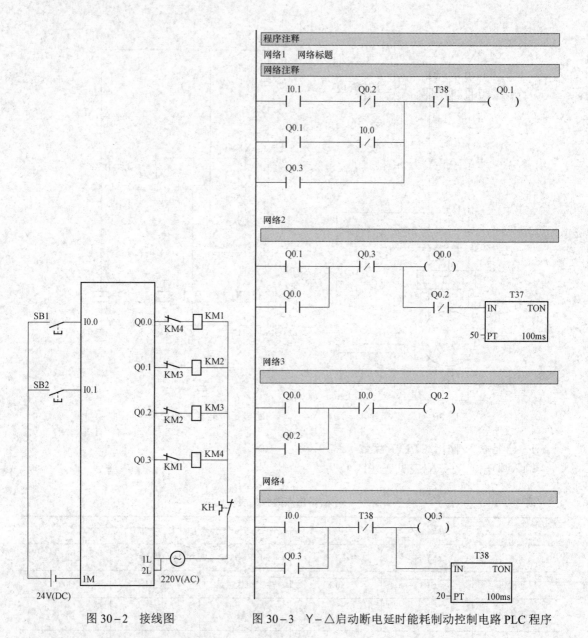

图30-2 接线图　　　图30-3 Y-△启动断电延时能耗制动控制电路 PLC 程序

例 ③ 时间继电器控制的可逆运行的能耗制动控制电路

时间继电器控制的可逆运行的能耗制动控制电路如图31-1所示。该电路由3个接触器 KM1、KM2、KM3，以及时间继电器 KT、热继电器 KTH、整流变压器 TR 和整流器 VC 等组成。它在正反向运转的情况下均可准确地对电动机进行能耗制动。

1. 分配输入/输出（I/O）点数

输入/输出点数分配表见表31-1。

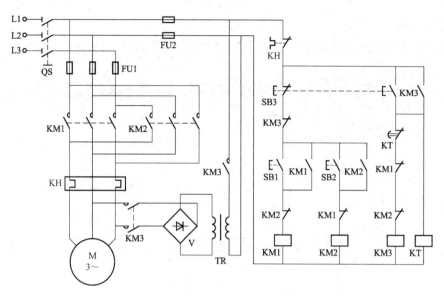

图 31-1   时间继电器控制的可逆运行的能耗制动控制电路

表 31-1 输入/输出点数分配表

输　　入			输　　出		
名称	代号	输入点	名称	代号	输出点
正传按钮	SB1	I0.0	电动机正向	KM1	Q0.0
反转按钮	SB2	I0.1	电动机反向	KM2	Q0.1
停止按钮	SB3	I0.2	制动	KM3	Q0.2

2. 画出接线图

接线图如图 31-2 所示。

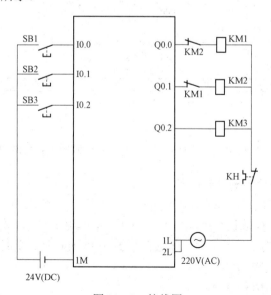

图 31-2   接线图

3. 编制程序

时间继电器控制的可逆运行的能耗制动控制电路 PLC 程序如图 31-3 所示。

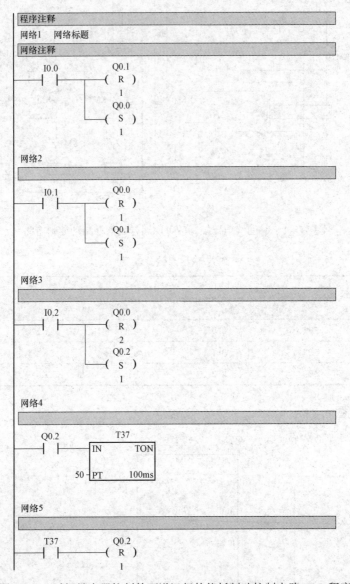

图 31-3　时间继电器控制的可逆运行的能耗制动控制电路 PLC 程序

例 32　速度继电器控制的能耗制动控制电路

速度继电器控制的能耗制动控制电路如图 32-1 所示。该电路的制动过程为：按下停止按钮 SB2，接触器 KM1 释放使得电动机断开电源。接触器 KM2 自锁，电动机定子绕组中被通入直流电，进行能耗制动。当电动机转速降低到 100r/min 时，速度继电器的触点断开，接触器 KM2 断电而复位，制动过程结束。

1. 分配输入/输出（I/O）点数

输入/输出点数分配表见表 32-1。

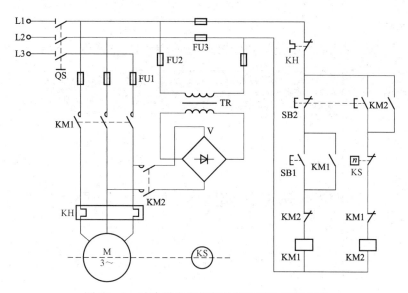

图 32-1　速度继电器控制的能耗制动控制电路

表 32-1　　　　　　　　　　　　输入/输出点数分配表

输　　入			输　　出		
名称	代号	输入点	名称	代号	输出点
启动按钮	SB1	I0.0	电动机正向	KM1	Q0.0
停止按钮	SB2	I0.1	电动机反向	KM2	Q0.1
速度继电器	KS	I0.2			

2. 画出接线图

接线图如图 32-2 所示。

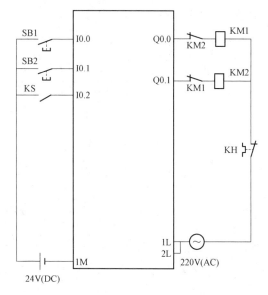

图 32-2　接线图

3. 编制程序

速度继电器控制的能耗制动控制电路 PLC 程序如图 32-3 所示。

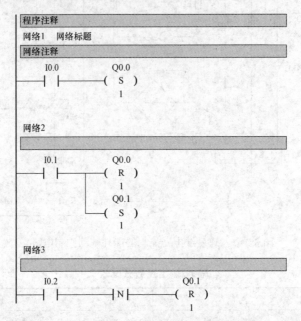

图 32-3 速度继电器控制的能耗制动控制电路 PLC 程序

例 33 三相异步电动机的双速控制电路 1

三相异步电动机的双速控制电路如图 33-1 所示。

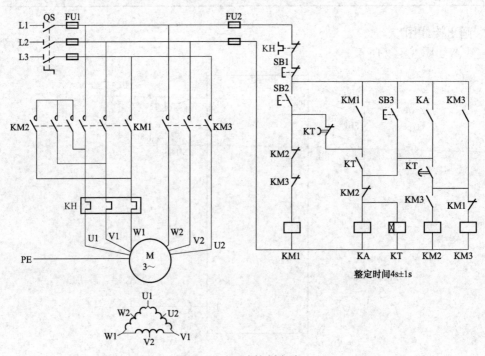

图 33-1 双速控制电路 1

1. 分配输入/输出（I/O）点数

输入/输出点数分配表见表 33-1。

表 33-1　　　　　　　　　　　　　　　输入/输出点数分配表

输　　入			输　　出		
名称	代号	输入点	名称	代号	输出点
热继电器	KH	I0.3	低速接触器	KM1	Q0.1
按钮	SB1	I0.0	高速接触器	KM2	Q0.2
按钮	SB2	I0.1	高速接触器	KM3	Q0.3
按钮	SB3	I0.2			

2. 画出接线图

接线图如图 33-2 所示。

3. 编制程序

双速控制电路 PLC 程序如图 33-3 所示。

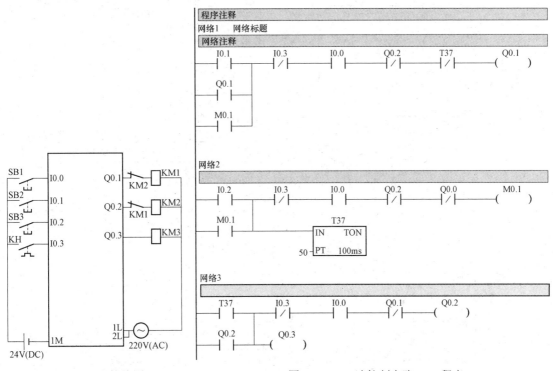

图 33-2　接线图　　　　　　　　　图 33-3　双速控制电路 PLC 程序

例 ③④ 三相异步电动机的双速控制电路 2

三相异步电动机的双速控制电路如图 34-1 所示。

1. 分配输入/输出（I/O）点数

输入/输出点数分配表见表 34-1。

　　　　　　　　　　　　　　　　输入/输出点数分配表

输　　入		输　　出	
名称	输入点	代号	输出点
停止	I0.1	KM1	Q0.1
启动	I0.2	KM2	Q0.2
		KM3	Q0.3

2. 画出接线图

接线图如图 34-1 所示。

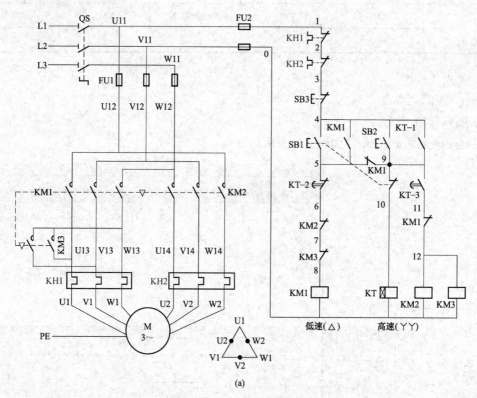

图 34-1　双速控制电路 2

3. 编制程序

（1）采用启保停电路的双速控制电路 PLC 程序如图 34-2 所示。

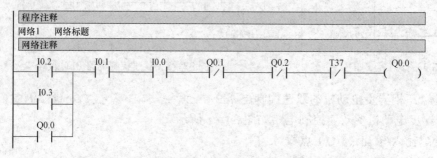

图 34-2　采用启保停电路的 PLC 程序（一）

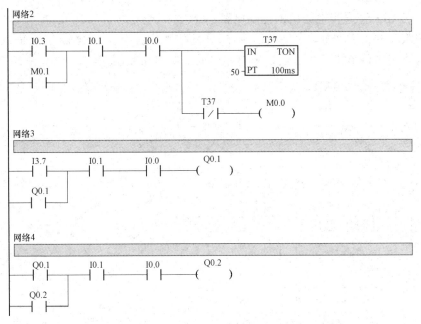

图 34－2　采用启保停电路的 PLC 程序（二）

（2）采用 SET/RSTR 指令的双速控制电路 PLC 程序如图 34－3 所示。

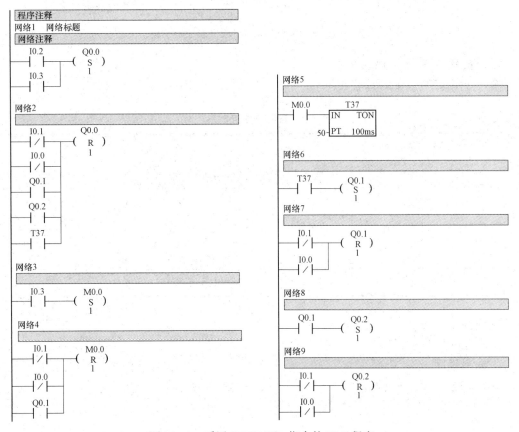

图 34－3　采用 SET/RSTR 指令的 PLC 程序

例 35 三相三速异步电动机的控制电路

具体控制要求：启动时，自动从低速转为中速，经过一定时间再转为高速；三种速度在一定范围内还可以调节。三相三速异步电动机的控制电路如图 35－1 所示。

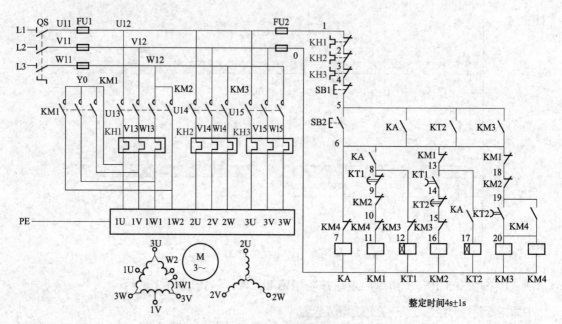

图 35－1 三相三速异步电动机的控制电路

1. 分配输入/输出（I/O）点数

输入/输出点数分配表见表 35－1。

表 35－1 输入/输出点数分配表

输　　入			输　　出		
名称	代号	输入点	名称	代号	输出点
启动	SB1	I0.0	变频器 STF 端子正转	KM1	Q0.0
停止	SB2	I0.1	变频器 RH 端子高速	KM2	Q0.1
			变频器 RM 端子中速	KM3	Q0.2
			变频器 RL 端子低速	KM4	Q0.3

2. 画出接线图

接线图如图 35－2 所示。

3. 编制程序

三相三速异步电动机控制电路 PLC 程序如图 35－3 所示。

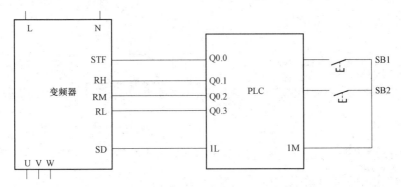

图 35-2　接线图

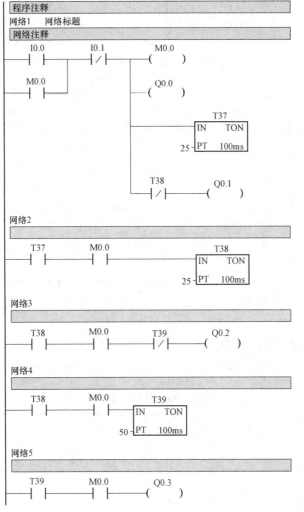

图 35-3　三相三速异步电动机控制电路 PLC 程序

例 36　脉冲发生器

图 36-1 所示为 PLC 内部时钟示意图在实际应用中需要设计脉冲发生器，具体要求：
设计一个周期为 300s，脉冲持续时间为一个扫描周期的脉冲发生器，其梯形图和时序图

如图 36-2 所示，其中 I0.0 外接的是带自锁的按钮。

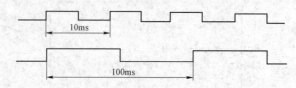

图 36-1 PLC 内部时钟示意图

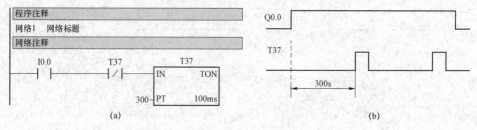

图 36-2 脉冲发生器

（a）梯形图；（b）时序图

例 37 振荡电路

具体要求：要求振荡电路的输出波形如图 37-1 所示。如此，HL 就会产生亮 3s 灭 2s 的闪烁效果。

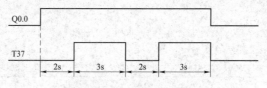

图 37-1 振荡电路的输出波形

I0.0 外接的 SB 是带自锁的按钮，如果 Q0.0 外接指示灯 HL，HL 就会产生亮 3s 灭 2s 的闪烁效果，所以该电路也称为闪烁电路。为了实现这一功能，设置 T37 为 2s 定时器，T38 为 3s 定时器。

1. 分配输入/输出（I/O）点数

输入/输出点数分配表见表 37-1。

表 37-1   输入/输出点数分配表

输 入		输 出	
名　称	输入点	名　称	输出点
输入按钮	I0.0	指示灯	Q0.0

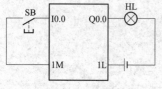

图 37-2 接线图

2. 画出接线图

接线图如图 37-2 所示。

3. 编制程序

振荡电路输出程序如图 37-3 所示。

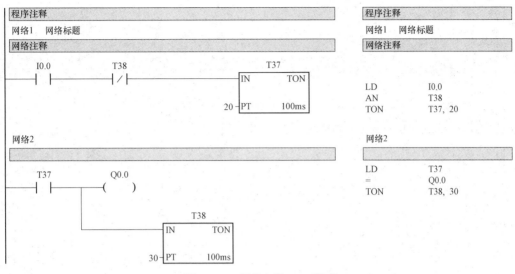

图 37-3　振荡电路 PLC 程序

例 38　分频控制电路

具体要求：设计一个二分频控制电路，输入端每输入 2 个脉冲，输出端就输出 1 个脉冲。

1. 分配输入/输出（I/O）点数

输入/输出点数分配表见表 38-1。

表 38-1　　　　　　　　　　　输入/输出点数分配表

输　入		输　出	
名称	输入点	名称	输出点
输入按钮	I0.0	指示灯	Q0.0

2. 画出接线图

接线图如图 38-1 所示。

3. 编制程序

用 PLC 可以实现对输入信号的任意分频，如图 38-2 所示是二分频电路 PLC 程序，要分频的脉冲信号加入 I0.0 端，Q0.0 端输出分频后的脉冲信号。程序开始执行时，一个扫描周期，确保

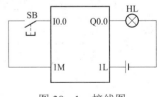

图 38-1　接线图

Q0.0 的初始态为断开状态，I0.0 端第一个脉冲信号到来时，M0.0 接通一个扫描周期，驱动 Q0.0 的二条路中 1 号支路接通，2 号支路断开，Q0.0 接通。第一个脉冲到来一个扫描周期后，M0.0 断开，Q0.0 仍接通，所以驱动 Q0.0 的二条支路中 2 号支路接通，1 号支路断开，Q0.0 继续保持接通。I0.0 端第二个脉冲信号到来时，M0.0 又接通一个扫描周期，此时 Q0.0 仍接通，驱动 Q0.0 的二条支路都断开。第二个脉冲到一个扫描周期后，M0.0 断开，Q0.0 仍断开，Q0.0 继续保持断开，直到第三个脉冲到来。所以 I0.0 每送入 2 个脉冲，Q0.0 产生 1 个脉冲，实现了分频。

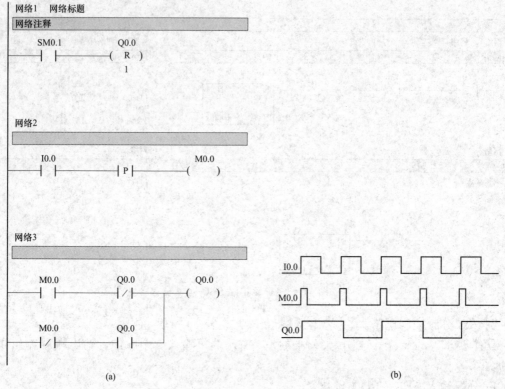

图 38-2 二分频电路 PLC 程序

（a）梯形图；（b）时序图

例 39 电子钟

具体要求：设计一个电子钟，可进行小时、分、秒等时钟电路。时序图如图 39-1 所示。

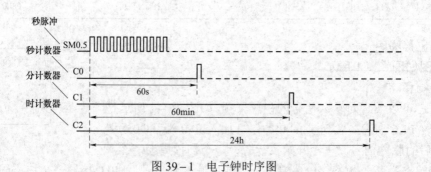

图 39-1 电子钟时序图

图 39-1 所示的电子钟时序图中，SM0.5 是 PLC 内部的秒时钟脉冲，C0、C1、C2 分别是秒、分、时计数器，SM0.5 每来一个秒时钟脉冲，秒计数器 C0 当前值是 1，一直加到 60，达到 1min，C0 动合触点闭合，使 C1 分计数器计数，C1 当前值是 1，同时 C0 当前值清 0。同理可分析 C1、C2 的作用。电子钟 PLC 程序如图 39-2 所示。

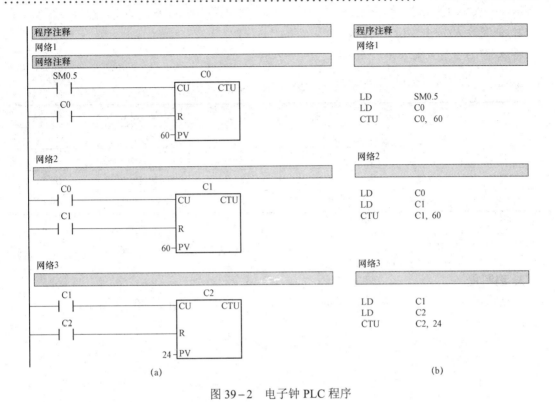

图 39-2 电子钟 PLC 程序

(a) 梯形图；(b) STL 图

例40 电动机可逆串电阻降压启动、反接制动控制电路

具体要求：采用串电阻降压启动；能够正反转运行；串电阻进行反接制动。电动机可逆串电阻降压启动、反接制动控制电路如图 40-1 所示。

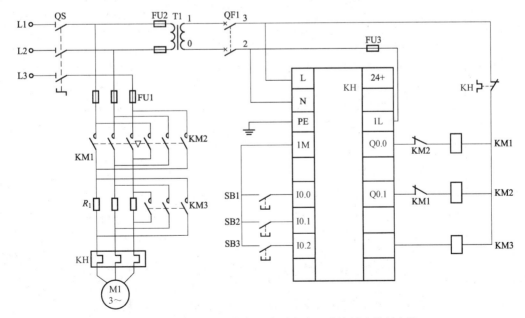

图 40-1 电动机可逆串电阻降压启动、反接制动控制电路

1. 分配输入/输出（I/O）点数

输入/输出点数分配表见表40-1。

表40-1　　　　　　　　　　　　　　输入/输出点数分配表

输　入			输　出		
代号	作用	输入点	代号	作用	输出点
SB1	正转按钮	I0.1	KM1	正转接触器	Q0.1
SB2	反转按钮	I0.2	KM2	反转接触器	Q0.2
SB3	停止按钮	I0.3	KM3	制动接触器	Q0.3

2. 画出控制电路

控制电路如图40-1所示。

3. 编制程序

电动机可逆串电阻降压启动、反接制动控制电路PLC程序如图40-2所示。

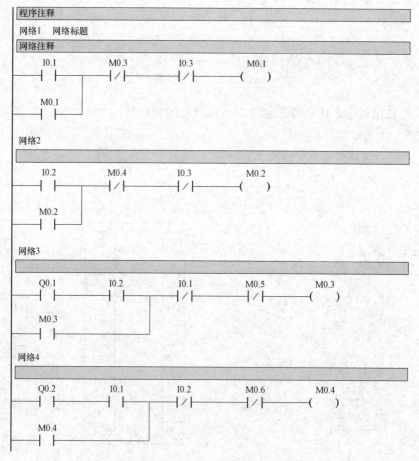

图40-2　电动机可逆串电阻降压启动、反接制动控制电路PLC程序（一）

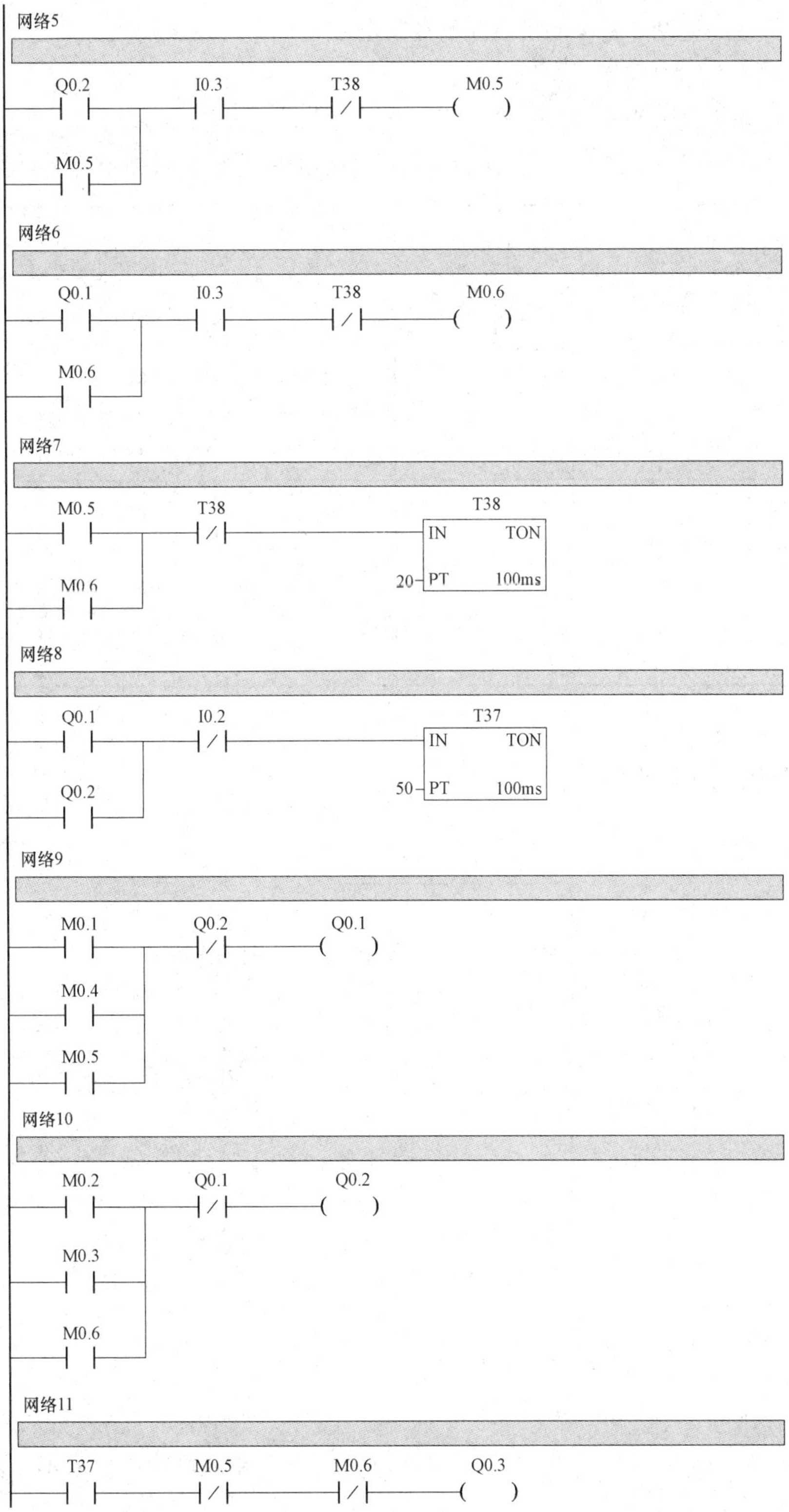

网络5

Q0.2　　I0.3　　T38　　M0.5
├┤　　├┤　　┤/├　　（　）
M0.5
├┤

网络6

Q0.1　　I0.3　　T38　　M0.6
├┤　　├┤　　┤/├　　（　）
M0.6
├┤

网络7

M0.5　　T38　　　　　　T38
├┤　　┤/├　　　　IN　　TON
M0 6
├┤　　　　　20─PT　　100ms

网络8

Q0.1　　I0.2　　　　　　T37
├┤　　┤/├　　　　IN　　TON
Q0.2
├┤　　　　　50─PT　　100ms

网络9

M0.1　　Q0.2　　Q0.1
├┤　　┤/├　　（　）
M0.4
├┤
M0.5
├┤

网络10

M0.2　　Q0.1　　Q0.2
├┤　　┤/├　　（　）
M0.3
├┤
M0.6
├┤

网络11

T37　　M0.5　　M0.6　　Q0.3
├┤　　┤/├　　┤/├　　（　）

图40-2　电动机可逆串电阻降压启动、反接制动控制电路 PLC 程序（二）

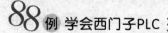

例 41 单按钮控制 5 台电动机启停的控制电路

1. 分配输入/输出（I/O）点数

输入/输出点数分配表见表 41−1。

表 41−1　　　　　　　　　　　　输入/输出点数分配表

输 入			输 出		
名称	代号	输入点	名称	代号	输出点
按钮	SB1	I0.0	电动机 1	KM1	Q0.0
			电动机 2	KM2	Q0.1
			电动机 3	KM3	Q0.2
			电动机 4	KM4	Q0.3
			电动机 5	KM5	Q0.4

2. 画出接线图

接线图如图 41−1 所示。

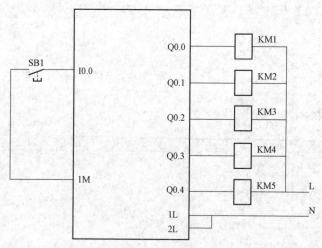

图 41−1　接线图

3. 编制程序

用计数器可实现单按钮控制 5 台电动机启停的控制，其 PLC 程序如图 41−2 所示。

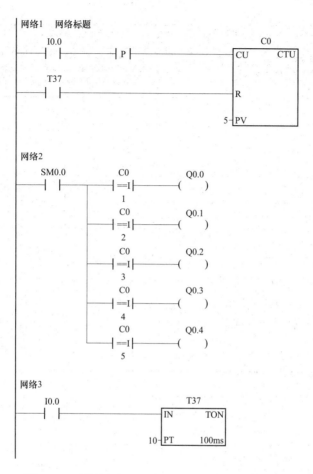

图 41-2 单按钮控制 5 台电动机启停的 PLC 程序

例 42 电加热炉挡位控制电路

具体要求：有一电加热炉，加热功率有 7 挡可供选择，其大小分别为 500W、1000W、1500W、2000W、2500W、3000W 和 3500W。功率选择由一个按钮控制：按第 1 次时，选第一挡加热功率；按第 2 次时，选第二挡加热功率……按第 8 次时，停止加热。

采用功能指令设计思路如下：利用字元件 QB0 每次加 1 后，可使 Q0.0～Q0.3 中有不同的置 1 位，Q0.0～Q0.3 的状态见表 42-1。

表 42-1　　　　　　　　　　　Q0.0～Q0.3 的状态

输出点	状态				
	Q0.3	Q0.2	Q0.1	Q0.0	要求输出的功率/W
QB0 = 0	0	0	0	0	0
①QB0 + 1 后	0	0	0	1	500
②QB0 + 1 后	0	0	1	0	1000

续表

输出点	状态				
	Q0.3	Q0.2	Q0.1	Q0.0	要求输出的功率/W
③QB0 + 1 后	0	0	1	1	1500
④QB0 + 1 后	0	1	0	0	2000
⑤QB0 + 1 后	0	1	0	1	2500
⑥QB0 + 1 后	0	1	1	0	3000
⑦QB0 + 1 后	0	1	1	1	3500
⑧QB0 + 1 后	1	0	0	0	0

由上面的状态分析可知，在输出点 Q0.0 接 1 根 500W 的电阻丝，Q0.1 接 1 根 1000W 的电阻丝，Q0.2 接 1 根 2000W 的电阻丝，再通过 INC_B 指令（加 1 指令）即可满足要求。

1. 分配输入/输出（I/O）点数

输入/输出点数分配表见表 42-2。

表 42-2　　　　　　　　　　输入/输出点数分配表

输 入			输 出		
名称	代号	输入点	名称	代号	输出点
功率选择	SB1	I0.0	500W 电阻丝	R1	Q0.0
停止加热	SB2	I0.1	1kW 电阻丝	R2	Q0.1
			2kW 电阻丝	R3	Q0.2

2. 画出接线图

接线图如图 42-1 所示。

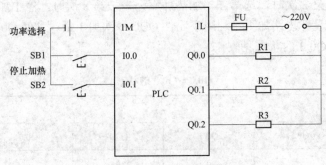

图 42-1　接线图

3. 编制程序

电加热炉挡位控制电路 PLC 程序如图 42-2 所示。

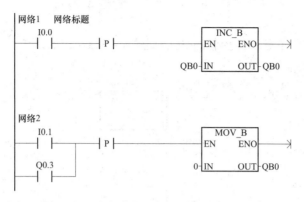

图 42－2　电加热炉挡位控制电路 PLC 程序

例 ㊸　用按钮 SB1 控制 3 台电动机单独启动，用另一个按钮 SB2 控制 3 台电动机单独停止

具体要求：要启动第一台电动机，按下启动按钮 SB1，并持续 1s 以上；要启动第二台电动机，再次按下启动按钮 SB1，并持续 1s 以上；电动机启动。同理，再次按启动按钮 SB1，并持续 1s 以上，则第三台电动机启动。

如果三台电动机都已启动运行了，按停止按钮 SB2 并持续 1s 以上，则第一台电动机停止运行；第二次按下 SB2 时并持续 1s 以上，第二台电动机停止运行，以此类推。

用位元件左移指令可以对 3 台电动机实现单独启停控制。

1. 分配输入/输出（I/O）点数

输入/输出点数分配表见表 43－1。

表 43－1　　　　　　　　　　　　　输入/输出点数分配表

输 入			输 出		
名称	代号	输入点	名称	代号	输出点
启动按钮	SB1	I0.0	接触器 M1	KM1	Q0.0
停止按钮	SB2	I0.1	接触器 M2	KM2	Q0.1
			接触器 M3	KM3	Q0.2

2. 画出接线图

接线图如图 43－1 所示。

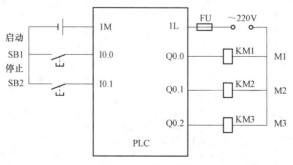

图 43－1　接线图

3. 编制程序

对 3 台电动机实现单独启停控制的 PLC 程序如图 43-2 所示。

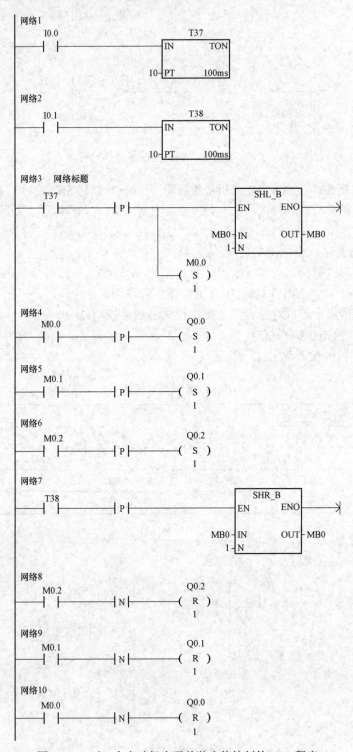

图 43-2　对 3 台电动机实现单独启停控制的 PLC 程序

例 44 自动门控制电路

具体要求：自动门使用的场合及功能的不同可分为自动平移门、自动平开门、自动旋转门、自动圆弧门、自动折叠门等，其中自动平移门使用得最广泛，通常所说的自动门、感应门就是指自动平移门。自动平移门最常见的结构形式是自动门机械驱动装置和门内外两侧红外线，当人走近自动门时，红外线感应到人的存在，给控制器一个信号，控制器通过驱动装置将门打开。当人通过门之后，再将门关闭。

1. 分配输入/输出（I/O）点数

输入/输出点数分配表见表 44-1。

表 44-1   输入/输出点数分配表

输 入		输 出	
名称	输入点	名称	输出点
门外光检测电开关 K1	I0.1	正转	Q0.1
门内光检测电开关 K2	I0.2	反转	Q0.2
开门限位电开关 K3	I0.3	手动开关门	Q0.0
关门限位电开关 K4	I0.4		
过载保护开关	I0.5		
紧急停车开关	I0.6		
启动停止	I0.7		
手动开门	I1.0		
手动关门	I1.1		

2. 画出接线图

接线图如图 44-1 所示。

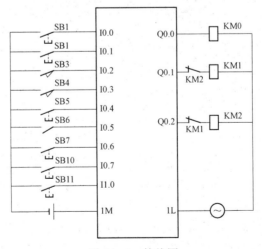

图 44-1   接线图

3. 设计流程图

流程图如图 44-2 所示。

4. 编制程序

自动门控制电路 PLC 程序如图 44-3 所示。

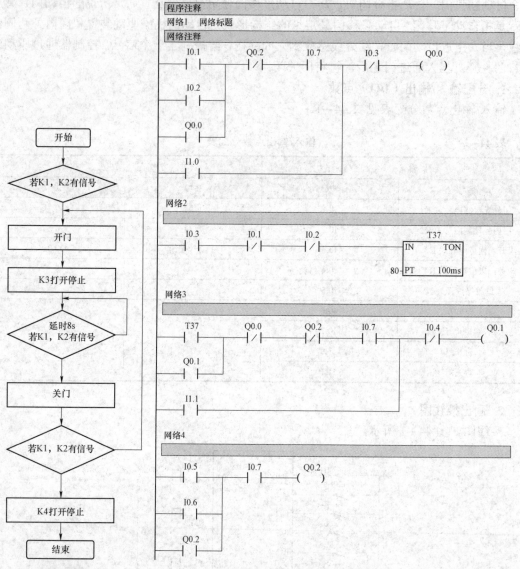

图 44-2　流程图

图 44-3　自动门控制电路 PLC 程序

5. 原理分析

（1）首先按下启动按钮使 I0.7 闭合，若外检测开关或内检测开关有信号时 I0.1 或 I0.2 闭合。由于开门限位开关 I0.3 是常闭（动断）的，所以 Q0.0 线圈通电，有原理分析可知光电检测开关的触发方式是脉冲触发所以需要自锁。当 Q0.0 线圈通电时 Q0.0 闭合，此时电动机正转带动自动门扇移动，执行开门过程。

（2）当门扇完全打开时，使开门限位开关 I0.3 打开，Q0.0 线圈断电，电动机停止转动。

（3）当门扇停止移动时，由于开门限位开关的常闭（动断）变成常开（动合），故使常开闭合。进行 8s 的延时，若此时外检测开关或内检测开关 I0.1 或 I0.2 有信号，则使 T37 重新延时。

（4）当 8s 的延时完毕后 T37 线圈通电，关门限位开关关闭，所以使 Q0.1 通电并自锁，电动机反转执行关门过程。

（5）在关门过程中，若外检测开关或内检测开关 I0.1，I0.2 有信号又使 Q0.0 通电，由于在关门过程中 Q0.0 常闭（动断），此时打开并中断关门过程，转向开门过程。

（6）在此控制过程中，为了保证其安全性设置过载保护和紧急停车。

（7）考虑到主动门若出现故障时，使用自动控制系统有所不适，于是设置手动开门和手动关门。

例 45 单按钮任意改变定时器的定时值

1. 分配输入（I/O）点数

输入点数表分配见表 45-1。

表 45-1   输 入 点 数 分 配 表

名　　称	代　　号	输入点编号
设定定时值	SB1	I0.0
检验定时值	SB2	I0.1

2. 编制程序

单按钮任意改变定时器的定时值 PLC 程序如图 45-1 所示。

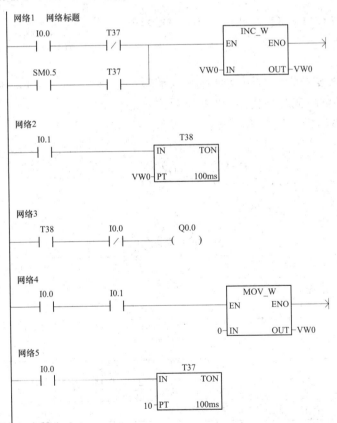

图 45-1 单按钮任意改变定时器的定时值 PLC 程序

二、PLC 综合控制电路

例 46 笼型电动机两地轮换卸料控制电路

笼型电动机两地轮换卸料示意图如图 46－1 所示。具体要求：

（1）左右行及停车可手动控制；

（2）奇数中间位（SQ3）卸料，10s 后返回装料，装料 15s 后右行；

（3）右行偶数右端（SQ2）卸料，10s 后返回装料，装料 15s 后右行；

（4）自动往返。

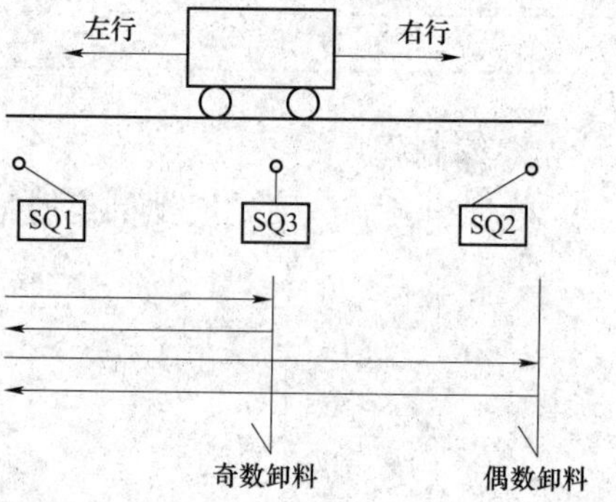

该题目的控制要求为：能正反转并可以手动控制，也可以自动往返；在左侧装料，根据往返次数是奇数还是偶数来决定是在中间卸料还是在右侧卸料，

图 46－1　笼型电动机两地轮换卸料示意图

卸料和装料都有时间定时控制。因此，该电路及要求位置控制，有要求次数控制，还需要时间控制。在编程时，在正反转自动往返控制的基础上，还需要用到定时器和计数器等。

1. 分配输入/输出（I/O）点数

输入/输出点数分配表见表 46－1。

表 46－1　　　　　　　　　　　　　　　输入/输出点数分配表

输　　入			输　　出		
名称	代号	输入点	名称	代号	输出点
右行按钮	SB1	I0.0	接触器（右）	KM1	Q0.1
左行按钮	SB2	I0.4	接触器（左）	KM2	Q0.2
限位开关	SQ1	I0.1			
限位开关	SQ2	I0.2			
限位开关	SQ3	I0.3			
停止按钮	SB3	I0.5			

2. 画出接线图

接线图如图 46－2 所示。

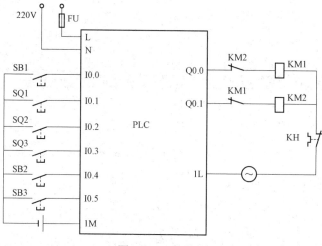

图46-2　接线图

3. 编制程序

笼型电动机两地轮换卸料控制电路 PLC 程序如图 46-3 所示。

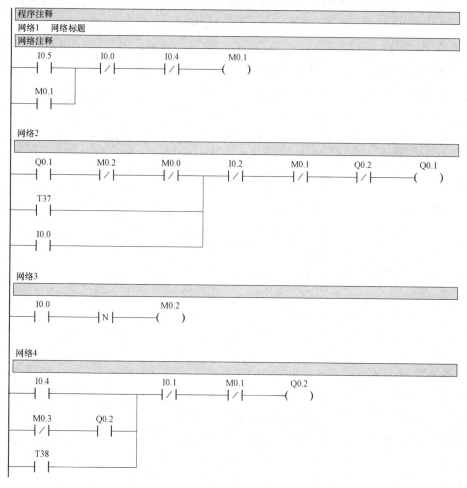

图 46-3　笼型电动机两地轮换卸料控制电路 PLC 程序（一）

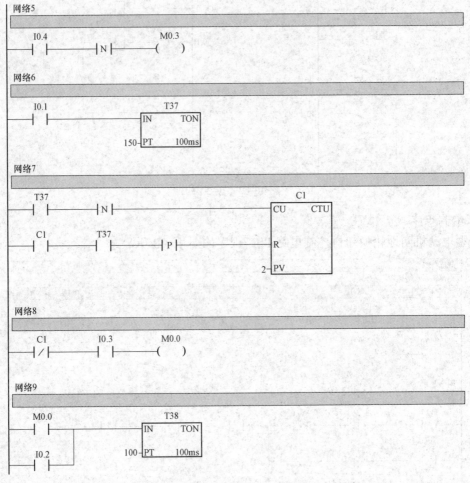

图 46-3　笼型电动机两地轮换卸料控制电路 PLC 程序（二）

例 47　水塔自动给水控制电路

具体要求：

（1）当水池水位低于水池低水界时，液面传感器的开关 S4 接通（ON），电磁阀 YV 打开，水池进水。水位高于低水位界时，开关 S4 断开（OFF）。当水位升高到高于水池高水位界时，液面传感器使开关 S3 接通（ON），电磁阀 YV 关闭，停止进水。

（2）如果水塔水位低于水塔低水位界时，液面传感器的开关 S2 接通（ON），当此时 S3 为 OFF，则电动机 M 运转，水泵抽水。水塔水位上升到高于水塔高水界时，液面传感器使开关 S1 接通（ON），电动机 M 停止运行，水泵停止抽水。

水塔自动给水控制示意图如图 47-1 所示。

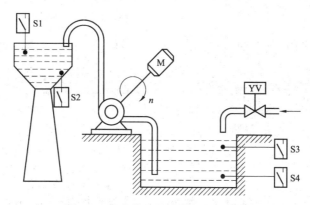

图 47－1　水塔自动给水控制示意图

该控制电路为水池水位及水塔水位的控制，其控制内容为：水池水位的高低分别由开关 S3、S4 控制电磁阀 YV 的通断，进而控制水位；水塔水位高低分别由开关 S1、S2 控制，控制电动机 M 是否运转，进而控制水位。在编程时，只需要 4 个开关来控制电动机和电磁阀 2 个对象。属于 2 台设备的单独控制，2 台设备之间没有直接的控制及连锁关系。

1. 分配输入/输出（I/O）点数

输入/输出点数分配表见表 47－1。

表 47－1　　　　　　　　　　　输 入 / 输 出 分 配 表

输　　　入			输　　　出		
名称	代号	输入点	名称	代号	输出点
传感器开关	S1	I0.0	接触器控 M 电动机	KM	Q0.0
传感器开关	S2	I0.1	电磁阀	YV	Q0.1
传感器开关	S3	I0.2			
传感器开关	S4	I0.3			

2. 画出接线图

接线图如图 47－2 所示。

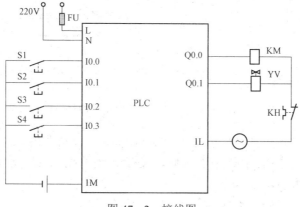

图 47－2　接线图

3. 编制程序

水塔自动给水控制电路 PLC 程序如图47-3所示。

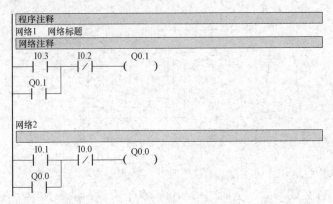

图 47-3　水塔自动给水控制电路 PLC 程序

例 48　**笼型电动机料斗运煤自动循环控制电路** ::::::::::::::::::::::::::::::::::::

具体要求：

（1）料斗由 M1 电动机拖动，料斗上升到预定位置时撞行程开关 SQ2 停车卸煤，停留 5s 后下降，下降到达预定位置时撞行程开关 SQ1，停留 20s，与此同时 M2 运转拖动运输带向料斗装料，20s 后 M2 停止，煤斗自动上升……如此循环不断。

（2）料斗在任意位置都可进行手动停车操作，启动时可以使料斗随意从上升或下降开始运行。

电动机料斗运煤自动循环控制示意图如图48-1所示。

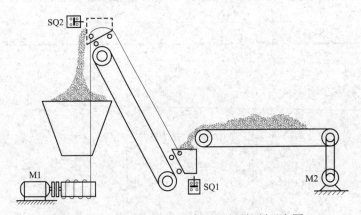

图 48-1　电动机料斗运煤自动循环控制示意图

该控制电路为料斗运煤自动循环控制。其控制要求为：料斗由 M1 电动机拖动；运转拖动运输带由 M2 电动机拖动；既有行程控制，又有时间控制。2 台电动机还有一定的连锁关系；另外还可以手动和自动控制。

1. 分配输入/输出（I/O）点数

输入/输出点数分配表见表48-1。

表 48-1   输入/输出点数分配表

输　　入			输　　出		
名　　称	代号	输入点	名　　称	代号	输出点
自动启动按钮	SB1	I0.0	上升接触器（M1）	KM1	Q0.0
停止按钮	SB2	I0.3	下降接触器（M2）	KM2	Q0.1
手/自动旋钮	SB10	I1.0	上料接触器（M3）	KM3	Q0.2
手动上升	SB11	I1.1			
手动下降	SB12	I1.2			
手动上料	SB13	I1.3			
下限位开关	SQ1	I0.1			
上限位开关	SQ2	I0.2			

2. 画出接线图

接线图如图 48-2 所示。

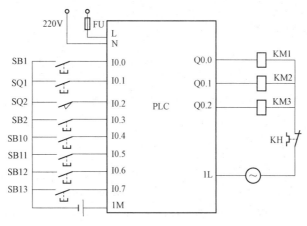

图 48-2　接线图

3. 编制程序

电动机料斗运煤自动循环控制电路 PLC 程序如图 48-3 所示。

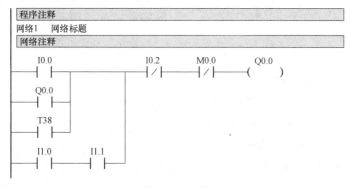

图 48-3　电动机料斗运煤自动循环控制电路 PLC 程序（一）

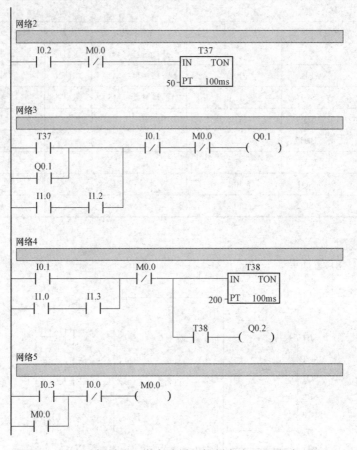

图 48-3 电动机料斗运煤自动循环控制电路 PLC 程序（二）

例 49 笼型电动机无进给切削自动循环控制电路

具体要求：

（1）刀架（钻头）进给到设计位置（尺寸）时主轴停车，刀架（钻头）继续旋转，即利用时间参量给钻孔抛光，抛光 5s 后主轴后退，退到预定位置停车。

（2）再正向进给钻第二个孔，刀架（钻头）进给到设计位置（尺寸）时主轴停车，刀架（钻头）继续旋转，即利用时间参量给新的钻孔抛光，抛光 5s 后主轴后退……如此往复。

（3）无论正向、反向运行都能进行手动停车或启动操作。

笼型电动机无进给切削自动循环控制示意图如图 49-1 所示。

该控制电路为无进给切削自动循环控制电路，其控制要求为：刀架的控制由位置控制和时间控制要求；能进行手动停车或启动操作。

1. 分配输入/输出（I/O）点数

输入/输出点数分配见表 49-1。

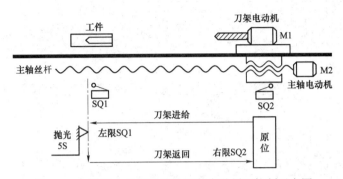

图 49-1　笼型电动机无进给切削自动循环控制示意图

表 49-1　　　　　　　　　　　　输入/输出分配表

输　入			输　出		
名称	代号	输入点	名称	代号	输出点
启动按钮	SB1	I0.0	接触器（M1）	KM1	Q0.0
停止按钮	SB2	I0.3	接触器（前）	KM2	Q0.1
左限位开关	SQ1	I0.1	接触器（退）	KM3	Q0.2
右限位开关	SQ2	I0.2			

2. 画出接线图

接线图如图 49-2 所示。

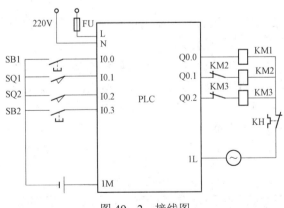

图 49-2　接线图

3. 编制程序

无进给切削自动循环控制电路 PLC 程序如图 49-3 所示。

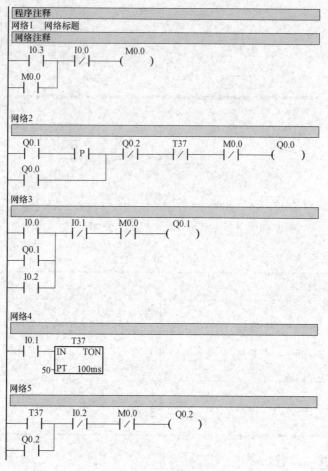

图 49-3 无进给切削自动循环控制电路 PLC 程序

例 50 报警及灯光闪烁电路

具体要求：

设计一个报警器，要求当条件 I0.0＝ON 满足时蜂鸣器鸣叫，同时报警灯连续闪烁 16 次，每次亮 2s，熄灭 3s，此后，停止声光报警。

报警灯开始工作的条件可以是按钮，也可以是行程开关或接近开关等来自现场的信号，现假定是行程开关。蜂鸣器和报警灯分别占有一个输出点。报警灯亮、暗闪烁，可以采用两个定时器分别控制亮和暗的时间，而闪烁的次数则由计数器控制。

1. 分配输入/输出（I/O）点数

输入/输出点数分配表见表 50-1。

表 50-1　　　　　　　　　　　　输入/输出点数分配

输入			输出		
名称	代号	输入点	名称	代号	输出点
行程开关	SQ	I0.0	蜂鸣器	HB	Q0.0
			报警灯	HL	Q0.1

2. 画出接线图

接线图如图 50-1 所示。

3. 编制程序

（1）启动和停止控制程序的设计。启动信号为 I0.0。当碰到
SQ 时，I0.0 动合触点闭合，利用脉冲微分指令 P 产生一个脉冲
信号，使输出继电器 Q0.1 线圈得电并自锁，Q0.1 产生的输出信
号，使蜂鸣器鸣叫。停止信号是计数器的动断触点。当报警灯闪

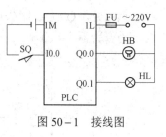

图 50-1　接线图

烁 16 次后，计数器的动断触点断开，使 Q0.1 线圈失电，Q0.1
的触点复位，报警电路停止报警。启动和停止控制的 PLC 程序如图 50-2 所示。

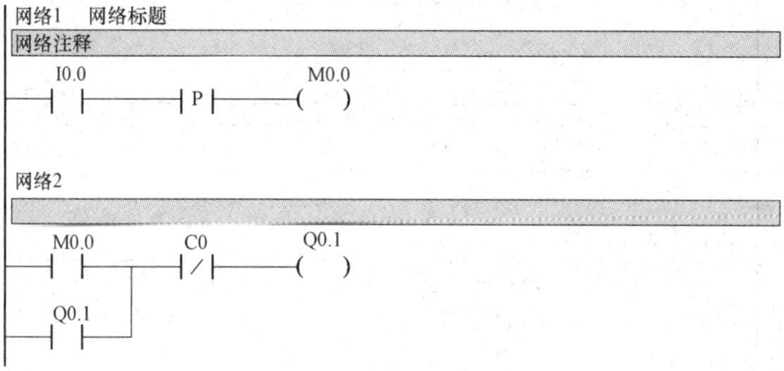

图 50-2　启动和停止控制的 PLC 程序

（2）报警灯闪烁控制程序设计。如图 50-3 所示，报警灯在蜂鸣器鸣叫的同时闪烁，所
以，采用 Q0.1 的动合触点控制报警灯闪烁。采用定时器 T37 控制报警灯亮的时间，定时器
T38 控制报警灯熄灭时间。当 YQ0.1 动合触点闭合时，Q0.2 线圈与 T37 线圈同时得电。Q0.2
线圈得电后产生的输出信号使报警灯亮。T37 线圈得电后，经 2s 延时后，T37 动断触点断开，
使 Q0.2 线圈失电，Q0.2 的触点复位，报警灯熄灭。同时，T37 动合触点闭合，使 T38 线圈
得电。经 3s 延时，T38 动断触点断开，使 T37 线圈失电，T37 动合触点瞬间断开，T38 线圈
也随之失电，T38 动断触点闭合，定时器 T38 的触点只动作了一个扫描周期。当 T38 动断触
点闭合后，Q0.2 和 Q0.1 线圈又得电，重复上述动作。

由时序图可以看出，Q0.2 动合触点接通时间为 2s，断开时间为 3s，是一个连续脉冲信
号，而且 Q0.2 动合触点接通和断开的时间可分别由 T37 和 T38 的常数设定值改变。这一段
程序也可以作为基本控制程序，在今后编程中使用。

（3）报警灯闪烁次数控制程序设计。采用计数器 C0 进行闪烁次数的控制，要考虑计数
输入信号和复位信号两个方面。由图 50-3（b）所示的时序图可以看出，Q0.2 产生的脉冲
信号下降沿正好是 T37 脉冲的上升沿。当 Q0.2 第 16 个脉冲结束，即报警闪烁 16 次后，T37
正好产生第 16 个脉冲，将 T37 触点的动作作为计数输入信号，这样，当累计到第 16 个脉冲
时，计数器 C0 线圈得电，C0 动断触点断开，报警器停止工作。

计数器 C0 的复位信号，可以采用 C0 动合触点，当计数器 C0 线圈得电，C0 动合触点
闭合时，RSTC0 指令执行，使 C0 复位。但这时 C0 动合触点应并联 SM0.2 动合触点。在 PLC
开机时，对 C0 进行清零。也可以采用 Q0.1 的动断触点。当蜂鸣器鸣叫时，Q0.1 动合触点

是断开的，RSTC0 指令不执行，说明计数器 C0 正在计数，当累计到 16 个脉冲时，则 C0 动断触点断开，Q0.1 线圈失电，Q0.1 动断触点恢复闭合，RSTC0 指令执行，计数器 C0 被复位，为报警器下次工作作准备。

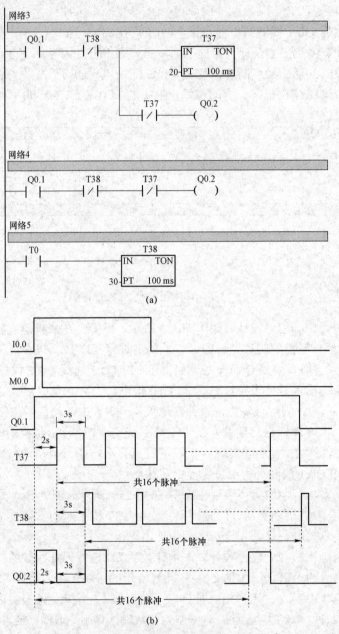

图 50-3　报警灯闪烁控制 PLC 程序
(a) 梯形图; (b) 时序图

将各段程序合并成完整的梯形图程序，如图 50-4 所示。

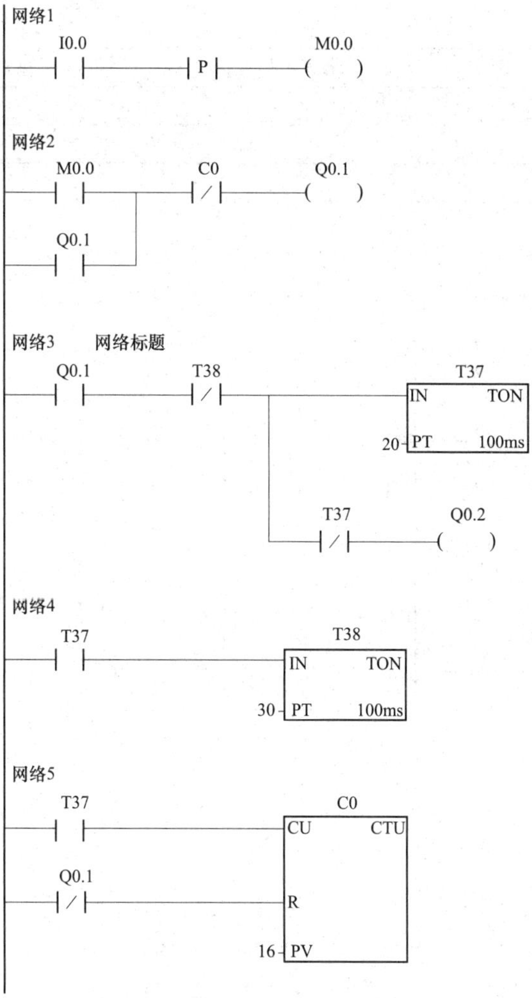

图 50-4　完整的梯形图程序

例 51　彩灯控制电路

具体要求：利用 PLC 应用指令构成一个闪光信号灯，改变输入口所接置数开关可改变闪光频率。

4 个置数开关分别接于 I0.0~I0.3，I1.0 为启停开关，启停开关 I1.0 选用带自锁的按钮，信号灯接于 Q0.0。

1. 分配输入/输出（I/O）点数

输入/输出点数分配表见表 51-1。

表 51-1　　　　　　　　　　　　输入/输出点分配表

输　入		输　出	
输入点	作用	输出点	作用
I0.0	置数开关	Q0.0	信号灯
I0.1	置数开关		
I0.2	置数开关		

91

续表

输　　入		输　　出	
输入点	作用	输出点	作用
I0.3	置数开关		
I1.0	启停开关		

2. 画出接线图

接线图如图 51-1 所示。

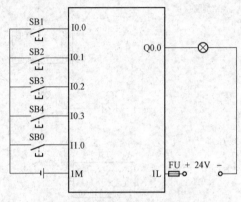

图 51-1　PLC 接线图

3. 编制程序

彩灯控制电路 PLC 程序如图 51-2 所示。

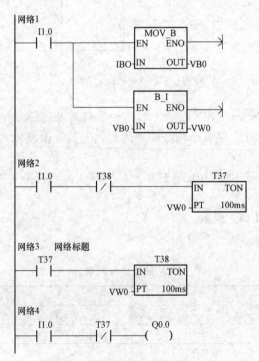

图 51-2　彩灯控制电路 PLC 程序

92

例 52 冲床机械手控制电路

1. 设计电路

某冲床机械手控制的示意图如图 52-1 所示。初始状态时，机械手在左侧，冲床在上方，机械手处于松开状态。其控制过程如下。

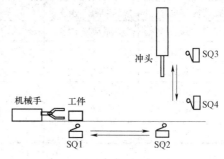

（1）按下启动按钮，电磁阀通电，机械手夹紧工件，开始计时。

（2）计时 5s 后，机械手右行，碰到行程开关 SQ2 后停止。

（3）冲头下行，碰到行程开关 SQ4 后停止。

（4）冲头上行，碰到行程开关 SQ3 后停止。

图 52-1 冲床机械手示意图

（5）机械手右行，碰到行程开关 SQ1 后停止。

（6）机械手电磁阀断电，机械手松开。

（7）延时 20s 后，机械手重新开始下一个周期。

（8）按下停止按钮，机械手当前工件加工完成后，机械手停止运行。

2. 选用元器件

冲床机械手 PLC 控制的主要元器件的功能见表 52-1。

表 52-1 　　　　　　　　　　　冲床机械手元器件功能

代　号	名　称	用　途
KM1	交流接触器	机械手右行
KM2	交流接触器	机械手左行
KM3	交流接触器	冲头上升
KM4	交流接触器	冲头下降
Y	电磁阀	机械手夹紧电磁阀
SB1	按钮	启动按钮
SB2	按钮	停止按钮
SQ1	行程开关	左限位开关
SQ2	行程开关	右限位开关
SQ3	行程开关	上限位开关
SQ4	行程开关	下限位开关

3. 编制程序

（1）分配输入/输出（I/O）点数。首先要进行输入/输出点数的分配，输入/输出点数分配表见表 52-2。

表 52-2   输入/输出点数分配表

输　入			输　出		
代　号	元件功能	输入点	代　号	元件功能	输出点
SB1	启动按钮	I0.0	Y	机械手夹紧电磁阀	Q0.0
SQ1	左限位开关	I0.1	KM1	机械手右行	Q0.1
SQ2	右限位开关	I0.2	KM2	机械手左行	Q0.2
SQ3	上限位开关	I0.3	KM3	冲头上升	Q0.3
SQ4	下限位开关	I0.4	KM4	冲头下降	Q0.4
SB2	停止按钮	I0.5			

（2）画出接线图。用西门子 S7-200 PLC 实现电镀槽控制的输入/输出接线图,如图 52-2 所示。其中对机械手、冲床运行分别进行了硬件互锁保护。

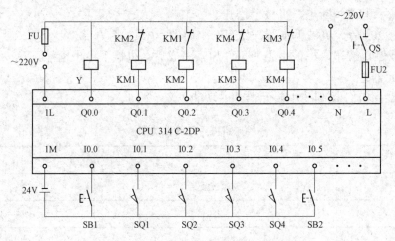

图 52-2 冲床机械手控制系统接线图

（3）根据控制要求画出顺序功能图。根据控制要求,画出冲床机械手控制的顺序功能图,如图 52-3 所示。

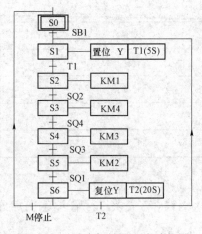

图 52-3 冲床机械手顺序功能图

（4）根据顺序功能图编写程序，如图 52－4 所示。

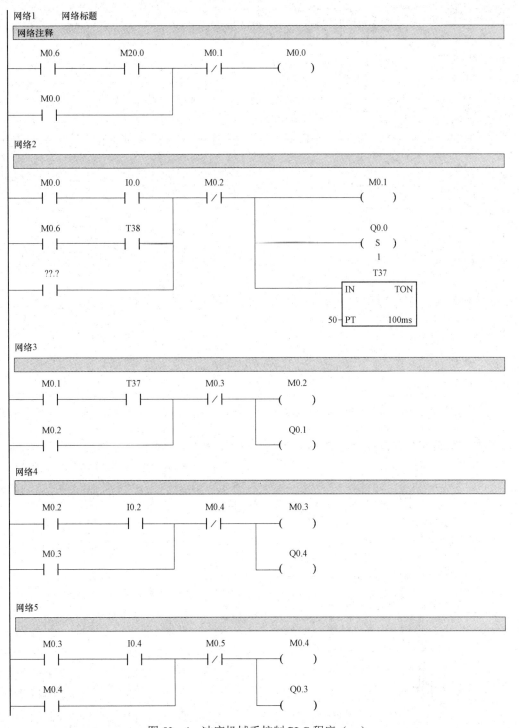

图 52－4　冲床机械手控制 PLC 程序（一）

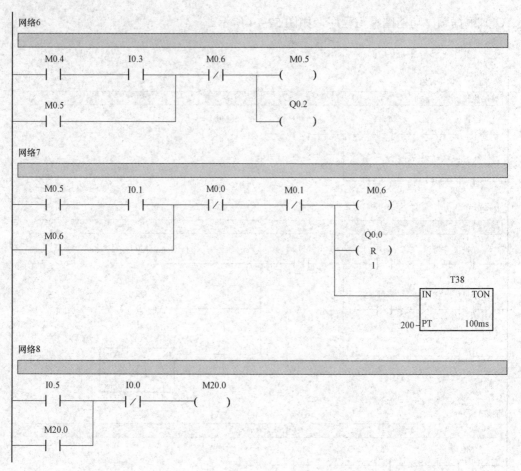

图 52－4　冲床机械手控制 PLC 程序（二）

例 53　轧钢机控制系统

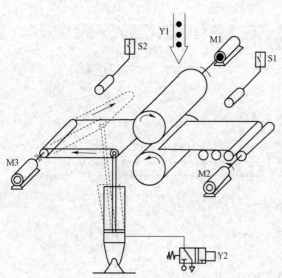

图 53－1　自控轧钢机控制系统示意图

自控轧钢机控制系统示意图如图 53－1 所示。其中的电磁阀控制的液压缸设为机械限位。

具体要求：根据要求设计轧钢机控制系统的 PLC 控制线路梯形图程序。对自控轧钢机的基本控制要求如下。

（1）按下启动按钮，电动机 M1、M2 运行。

（2）当 M1、M2 运行时，S1 有信号，表明有钢板当前压轧没完成，则 M3 正转。

（3）当 S2 有信号，表明钢板已经轧完 1 次，并且钢板已经完全处在接料传送带上（钢板到位），则电磁阀 YV2 动作使接料带倾斜，同时 M3 反转把钢板从上压辊送回送料带。

（4）当 S1 有信号，表明钢板已返回到位，则电磁阀 YV2 失电，M3 正转。

（5）如此往复 3 次为 1 个加工周期，当 1 个加工周期完成后停机 10s，取出成品，换料继续运行。

1. 分配输入/输出（I/O）点数

输入/输出分配表见表 53 – 1。

表 53-1　　　　　　　　　输 入 / 输 出 分 配 表

输　入			输　出		
代号	元件功能	输入点	代号	元件功能	输出点
SB1	启动按钮	I0.0	KM1	电动机 M1	Q0.0
S1	检测开关 1	I0.1	KM2	电动机 M2	Q0.1
S2	检测开关 2	I0.2	KM3	电动机 M3 正转	Q0.2
SB2	停止按钮	I0.3	KM4	电动机 M3 反转	Q0.3
			YV2	电磁阀	Q0.4

2. 画出接线图

接线图如图 53 – 2 所示。

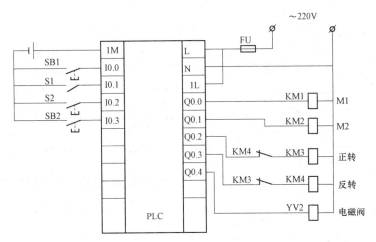

图 53 – 2　自控轧钢机控制接线图

3. 编写程序

自动轧钢机控制 PLC 程序如图 53 – 3 所示。

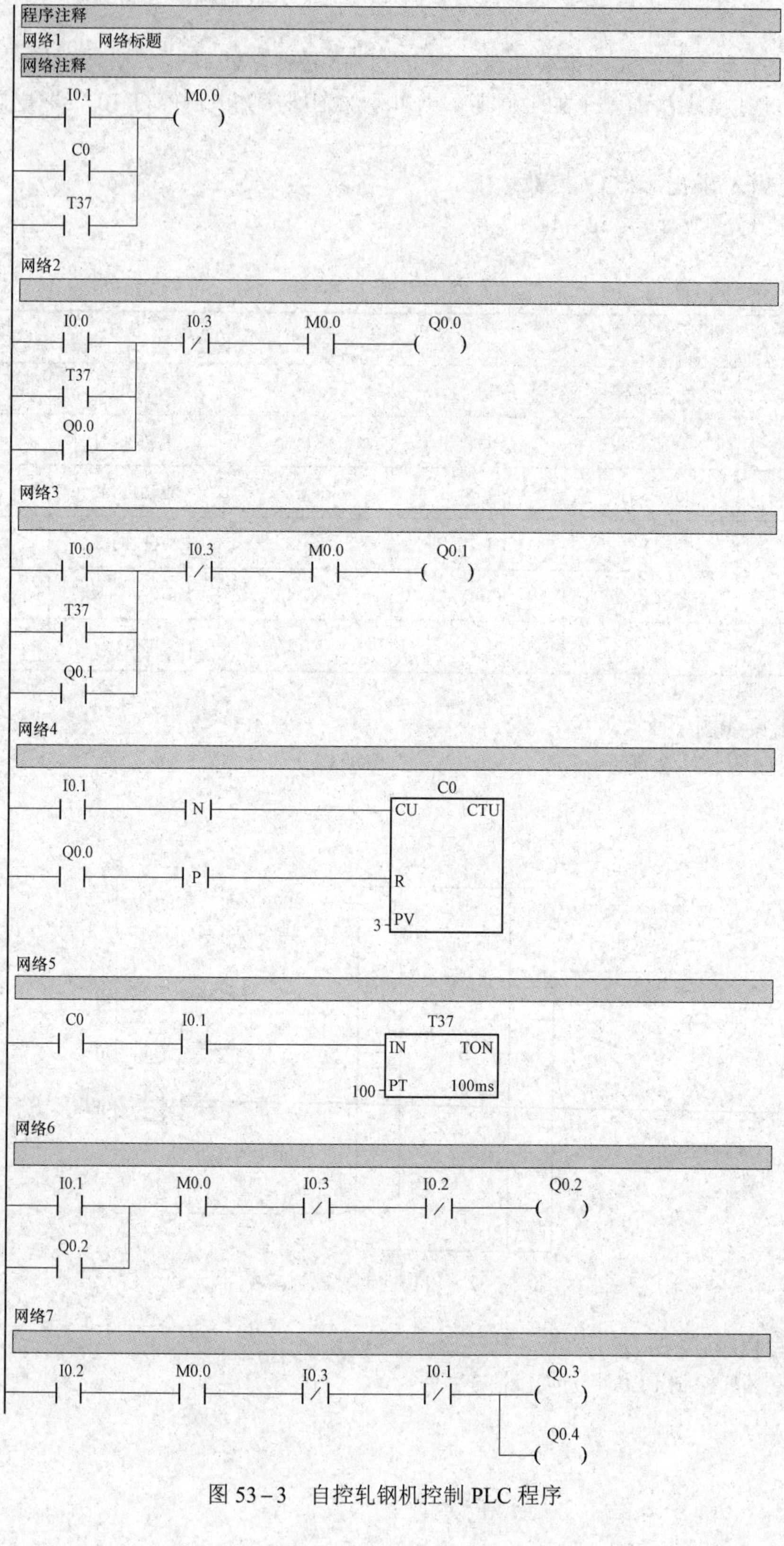

程序注释

网络1　　网络标题

网络注释

```
   I0.1                    M0.0
 ──┤ ├──────────────────( )──
   C0
 ──┤ ├──
   T37
 ──┤ ├──
```

网络2

```
   I0.0        I0.3       M0.0        Q0.0
 ──┤ ├──┬──────┤/├────────┤ ├────────( )──
   T37  │
 ──┤ ├──┤
   Q0.0 │
 ──┤ ├──┘
```

网络3

```
   I0.0        I0.3       M0.0        Q0.1
 ──┤ ├──┬──────┤/├────────┤ ├────────( )──
   T37  │
 ──┤ ├──┤
   Q0.1 │
 ──┤ ├──┘
```

网络4

```
   I0.1                          C0
 ──┤ ├──────┤N├──────┌──────────────┐
                     │CU        CTU │
   Q0.0              │              │
 ──┤ ├──────┤P├──────┤R             │
                     │              │
                  3 ─┤PV            │
                     └──────────────┘
```

网络5

```
   C0         I0.1             T37
 ──┤ ├────────┤ ├──────┌──────────────┐
                       │IN        TON │
                       │              │
                 100 ──┤PT      100ms │
                       └──────────────┘
```

网络6

```
   I0.1        M0.0       I0.3        I0.2        Q0.2
 ──┤ ├──┬──────┤ ├────────┤/├─────────┤/├────────( )──
   Q0.2 │
 ──┤ ├──┘
```

网络7

```
   I0.2        M0.0       I0.3        I0.1        Q0.3
 ──┤ ├─────────┤ ├────────┤/├─────────┤ ├────┬───( )──
                                            │   Q0.4
                                            └───( )──
```

图 53-3　自控轧钢机控制 PLC 程序

例 54 水泵电动机自动控制

具体要求：

（1）水泵电动机采用 Y－△降压启动控制。

（2）具有自动控制功能，早晨 8:00 启动、晚上 11:00 停止。

（3）具有自保护功能，0.5h 内不能连续启动 3 次。如果满 3 次则系统停止，等待 0.5h 后才能重新启动运行。

需要根据空调水泵的控制要求，将程序划分为手动控制程序和自动保护程序。分步骤编写长时间定时程序和自保护程序。

1. 分配输入/输出（I/O）点数

输入/输出点数分配表见表 54－1。

表 54－1　　　　　　　　　　　　PLC 的输入/输出点数分配

输　入			输　出		
名称	代号	输入点	名称	代号	输出点
启动按钮	SB1	I0.1	接触器	KM1	Q0.1
停止按钮	SB3	I0.3			

2. 画出接线图

接线图如图 54－1 所示。

3. 编制程序

（1）1h 定时程序。1h 定时 PLC 程序如图 54－2 所示。

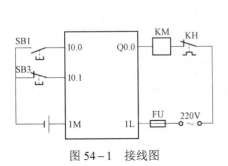

图 54－1　接线图

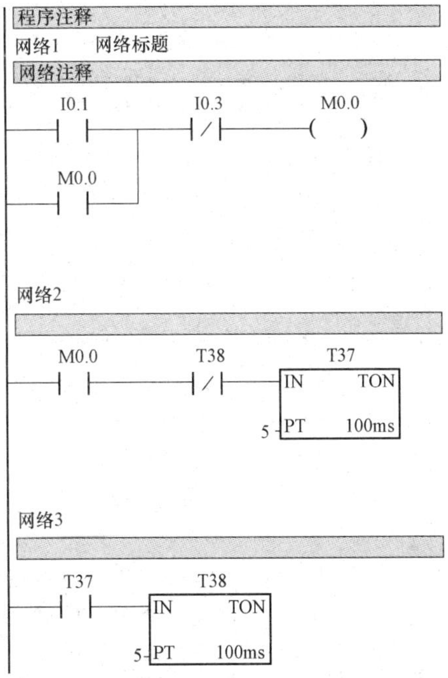

图 54－2　1h 定时 PLC 程序

（2）24h 时钟程序。24h 时钟 PLC 程序如图 54-3 所示。

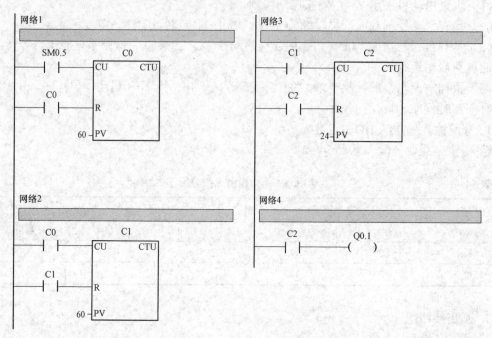

图 54-3 24h 时钟程序

（3）自动控制程序。早晨 8:00 启动、晚上 11:00 停止的自动控制 PLC 程序如图 54-4 所示。

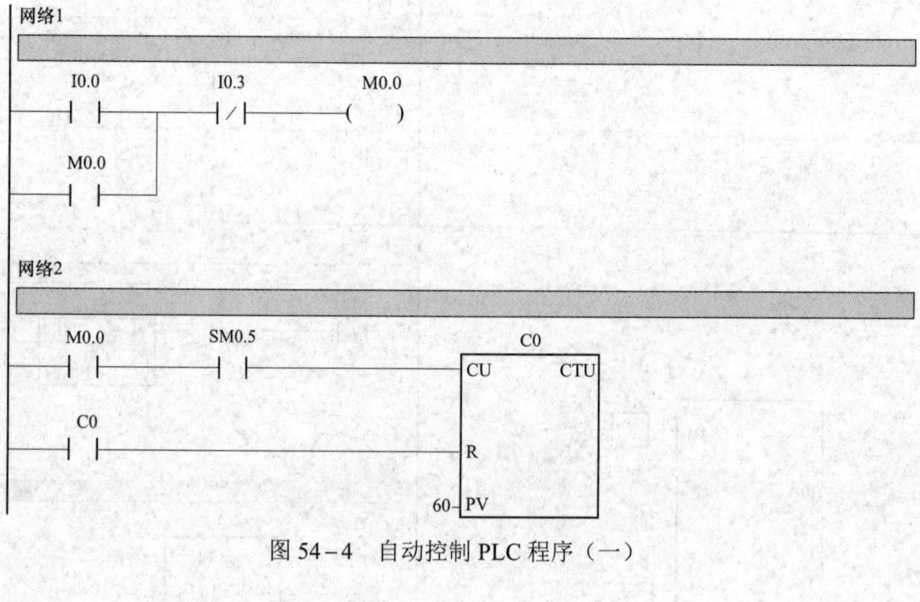

图 54-4 自动控制 PLC 程序（一）

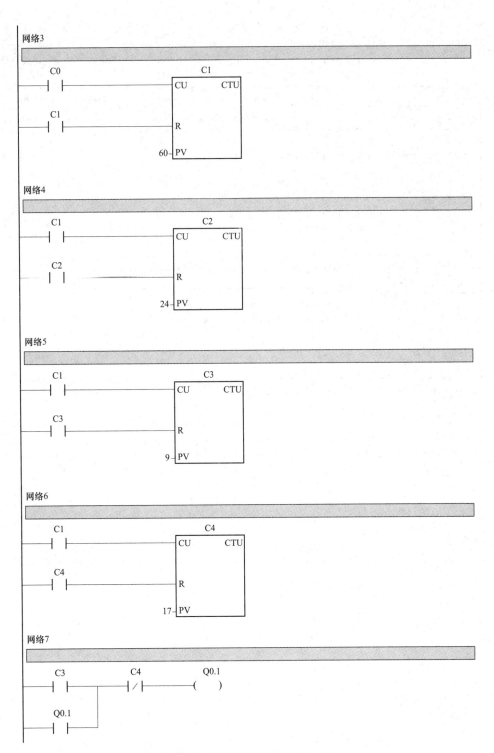

图 54-4　自动控制 PLC 程序（二）

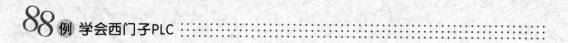

（4）具有自保护功能程序。保证在 0.5h 内不能连续启动 3 次的自保护功能 PLC 程序如图 54-5 所示。

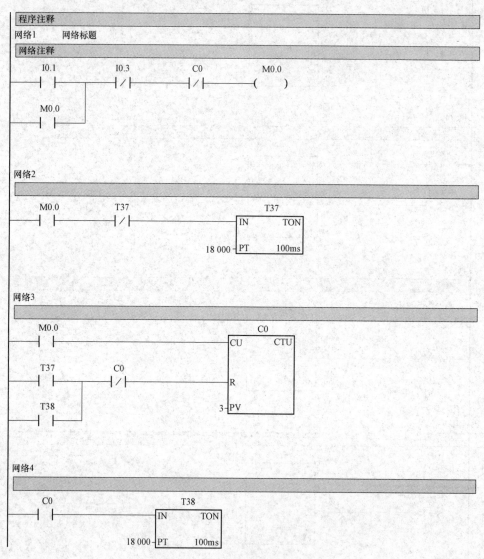

图 54-5　自保护功能 PLC 程序

（5）完善程序。水泵电动机的完整控制 PLC 程序如图 54-6 所示。

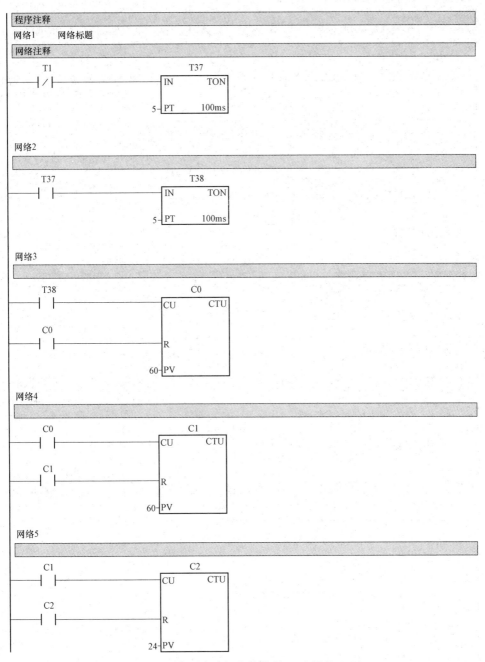

图 54-6　水泵电动机完整控制 PLC 程序（一）

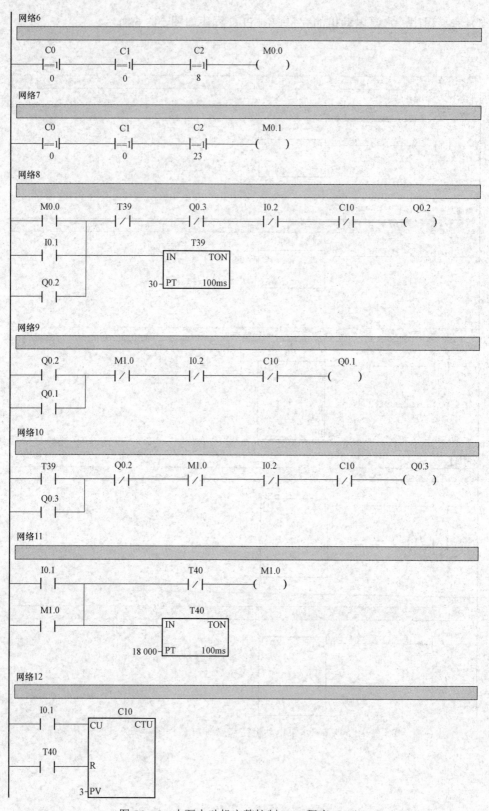

图 54-6 水泵电动机完整控制 PLC 程序（二）

例55 人行道交通灯控制系统

具体要求：在马路的人行横道上，安装了红、黄、绿交通信号灯。人行道上绿灯亮时，允许行人过马路，这时机动车停止行驶。红绿灯由马路两边的按钮控制，当有行人要过马路时，按下任何一侧的按钮，交通信号灯都能按图55-1所示顺序转换，在此过程中按钮不起作用。

1. 分配输入/输出（I/O）点数

输入/输出（I/O）点数分配表见表55-1。

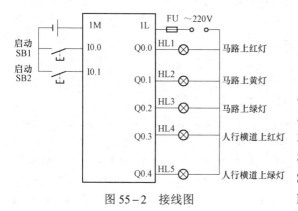

图55-1 交通信号灯顺序转换示意图

表55-1　　　　　　　　　　输入/输出点数分配表

输入			输出		
名称	代号	输入点	名称	代号	输出点
启动按钮	SB1	I0.0	马路上红灯	HL1	Q0.0
启动按钮	SB2	I0.1	马路上黄灯	HL2	Q0.1
			马路上绿灯	HL3	Q0.2
			人行横道红灯	HL4	Q0.3
			人行横道绿灯	HL5	Q0.4

图55-2 接线图

2. 画出接线图

接线图如图55-2所示。

3. 画出动作时序图

根据图55-1所示交通信号灯的动作顺序示意图，可以画出动作时序图，如图55-3所示。因行人按下启动按钮SB1或SB2后，过马路时要松开启动按钮，因此必须设置启动程序。在时序图中可以看到，按下SB1或SB2，M0.0线圈得电后，M0.0动合触点闭合，M0.0应自锁。松开SB1或SB2后，M0.0动合触点继续保持闭合。

4. 编制程序

（1）启动程序。启动PLC程序如图55-4所示。M0动合触点闭合后，下面的控制程序才可以执行。

由图55-1所示的交通信号灯动作顺序可知，人行横道绿灯闪烁5次后熄灭，随之红灯变亮，马路上红灯继续亮5s后才熄灭，然后转为绿灯亮，这样，交通信号灯的一个循环周期结束。只有再次按下启动按钮SB1或SB2后，才开始下一个循环。定时器T6就是马路上红灯最后亮5s的定时器，所以在图55-4中，利用T6动断触点控制M0的线圈。

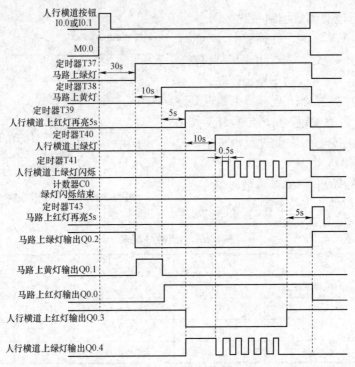

图 55－3 动作时序图

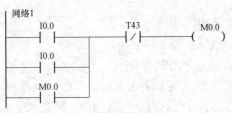

图 55－4 启动 PLC 程序

（2）延时程序。按下启动按钮 SB1 或 SB2 后，交通信号灯按顺序开始转换，每个变化都有固定的时间，所以利用定时器即能满足控制要求。图 55－5 所示为相应的 PLC 程序。其中：T37 用于马路绿灯亮定时；T38 用于马路黄灯亮定时；T39 用于马路和人行横道同时为红灯亮定时；T40 用于人行横道绿灯亮定时；T41 和 T42 用于人行横道绿灯闪烁；T42 用于人行横道绿灯闪烁次数的计数；T43 用于人行横道和马路再次同时为红灯亮定时。

人行横道绿灯闪烁次数为 5 次，但 C0 的常数设定值为 6。这是因为 C0 的计数脉冲是由 T41 提供的，若将 C0 的常数设定值设为 5，则当 T41 动合触点第 5 次闭合时 C0 即有输出，使人行横道的绿灯刚进入第 5 次闪烁就立即关断，这样人行横道的绿灯实际只闪烁了 4 次，所以只有 T41 动合触点第 6 次闭合，C0 累计到第 6 个计数脉冲时，计数器 C0 动作。一方面 C0 动合触点闭合，使 T41 得电，T41 动合触点保持闭合状态；另一方面，C0 动断触点断开，Q0.4 停止输出，使人行横道绿灯关闭。

（3）输出程序。马路上人行横道上的交通信号灯分别接在 PLC 的输出点 Q0.0～Q0.4 上。根据图 55－1 所示的交通信号灯转换顺序及图 55－3 所示的动作时序图可知：在按下启动按钮前，马路上绿灯就一直亮着，在按下 SB1 或 SB2 后，还要继续亮 30s 才会熄灭。因此，马路上绿灯所接输出点 Q0.2 的线圈被驱动的条件有两个：一个是 M0.0 的动断触点闭合（因在按下 SB1 或 SB2 之前，M0.0 的动断触点是闭合的）；另一个是 M0.0 的动合触点与动断触点均闭合（在按下 SB1 或 SB2 之后，M0.0 的动合触点闭合，在延时时间未到时，动断触点闭合）。

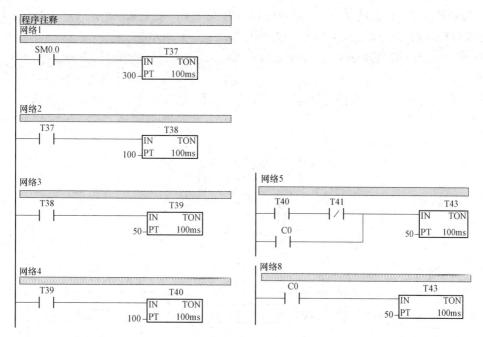

图 55－5　延时 PLC 程序

马路上绿灯熄灭后，黄灯接着亮 10s。因此，黄灯所接的 PLC 输出点 Q0.1 的线圈被驱动的条件是 M0.0 的动合触点、T37 的动合触点和 T38 动断触点 3 个触点均闭合。T37 动断触点断开，使马路绿灯熄灭，其动合触点闭合，使黄灯亮。黄灯亮 10s 后，T38 动断触点断开，使黄灯熄灭。

马路上绿灯与黄灯都不亮时，红灯应该亮，因此，马路上红灯所接 PLC 输出点 Q0.0 线圈被驱动的条件是：M0.0 动合触点、Q0.1 与 Q0.2 的动断触点均闭合。

在按下 SB1。或 SB2 之前，人行横道上红灯亮，按下 SB1 或 SB2 之后，人行横道上的红灯应维持接通至他的触点动作，配动断触点断开，人行横道上红灯所接 PLC 输出点 Q0.3 线圈应该断开。另外，由于人行横道上红灯在绿灯闪烁 5 次后接通，所以用 C0 的动合触点驱动 Q0.3 线圈。

人行横道绿灯有连续亮 10s 和闪烁 5 次两种状态。人行横道绿灯在红灯熄灭后就要开始亮，因此，可以用 T39 的动合触点驱动 Q0.4 线圈。人行横道绿灯连续亮 10s 后，T40 动断触点断开，

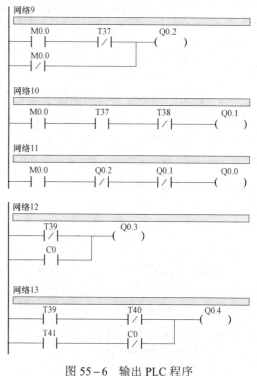

图 55－6　输出 PLC 程序

使 Q0.4 线圈也断开。另外，由 T41 动合触点控制 Q0.4 线圈，使人行横道绿灯闪烁 5 次。所以，Q0.4 线圈被驱动的条件有两个：一个是 T39 动合触点与 T40 动断触点均闭合，另外一个是 T41 动合触点与 C0 动断触点均闭合。输出 PLC 程序如图 55-6 所示。

例 56　交通灯控制系统 1

在城市十字路口的东、西、南、北方向装设了红、绿、黄三色交通信号灯；为了交通安全，红、绿、黄灯必须按照一定时序轮流发亮。交通灯示意图和时序图如图 56-1 所示。

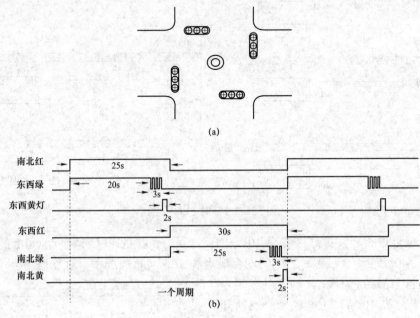

图 56-1　交通灯示意图和时序图

（a）示意图；（b）时序图

十字路口交通信号灯示控制要求如下：

（1）启动：当按下启动按钮时，信号灯系统开始工作。

（2）停止：当需要信号灯系统停止工作时，按下停止按钮即可。

（3）信号灯正常时序：

1）信号灯系统开始工作时，先南北红灯亮，在东西绿灯亮。

2）南北红灯亮维持 25s，在南北红灯亮的同时东西绿灯也亮并维持 20s，到 20s 时，东西绿灯闪亮，绿灯闪亮周期为 1s（亮 0.5s。熄 0.5s），绿灯闪亮 3s 后熄灭，东西黄灯亮并维持 2s，到 2s 时，东西红灯亮，同时东西红灯熄，南北绿灯亮。

3）东西红灯亮维持 30s，南北绿灯亮维持 25s，到 25s 时南北绿灯闪亮 3s 后熄灭，南北黄灯亮，并维持 2s，到 2s 时，南北黄灯熄，南北红灯亮，同时东西红灯熄，东西绿灯亮，开始第二个周期的动作。

4）以后周而复始地循环，直到停止按钮被按下为止。

1. 分配输入/输出（I/O）点数

输入/输出点数分配表见表 56-1。

表 56－1　　　　　　　　　　　输入/输出点数分配表

输　入			输　出		
名称	代号	输入点	名称	代号	输出点
启动按钮	SB1	I0.0	南北红灯	EL1，EL2	Q0.5
停止按钮	SB2	I0.1	东西红灯	EL3，EL4	Q0.2
			南北绿灯	EL5，EL6	Q0.4
			东西绿灯	EL7，EL8	Q0.0
			南北黄灯	EL9，EL10	Q0.6
			东西黄灯	EL11，EL12	Q0.1

2. 画出接线图

接线图如图 56－2 所示。

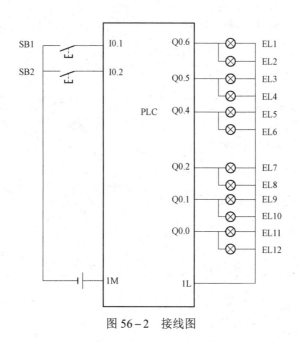

图 56－2　接线图

3. 编制程序

交通灯控制系统 1PLC 程序如图 56－3 所示。

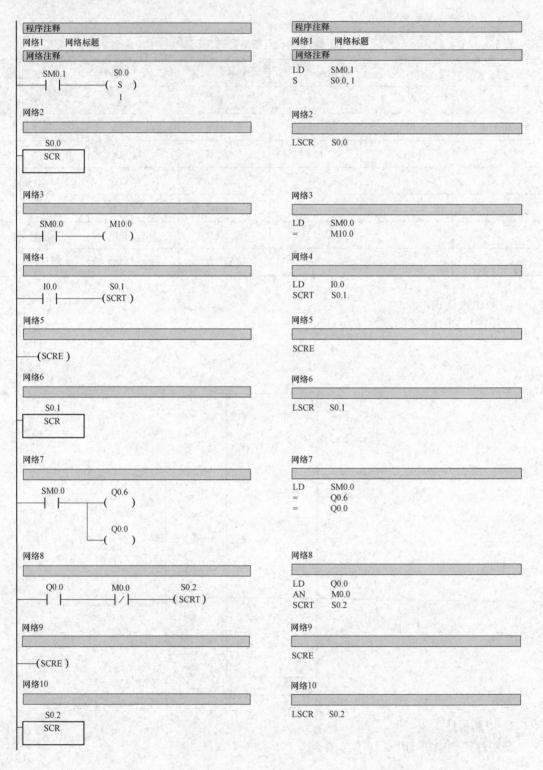

(a) (b)

图 56-3 交通灯控制系统 1PLC 程序（一）

（a）梯形图；（b）指令表

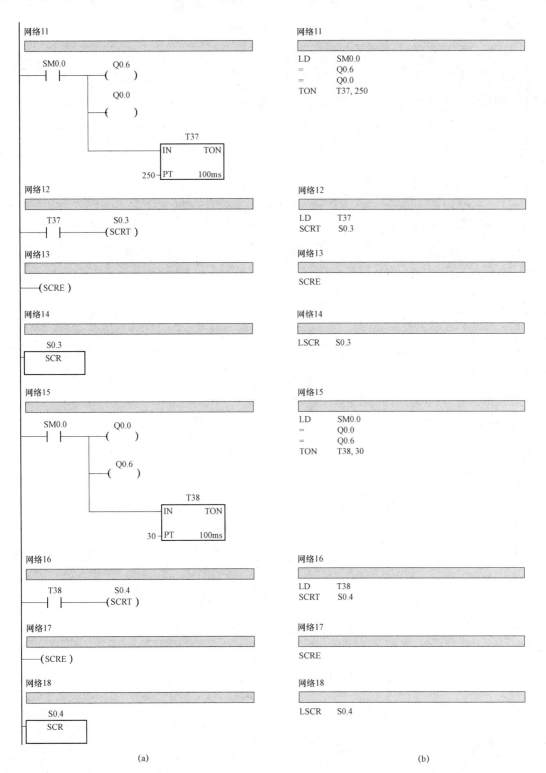

(a)   (b)

图 56-3   交通灯控制系统 1PLC 程序（二）

（a）梯形图；（b）指令表

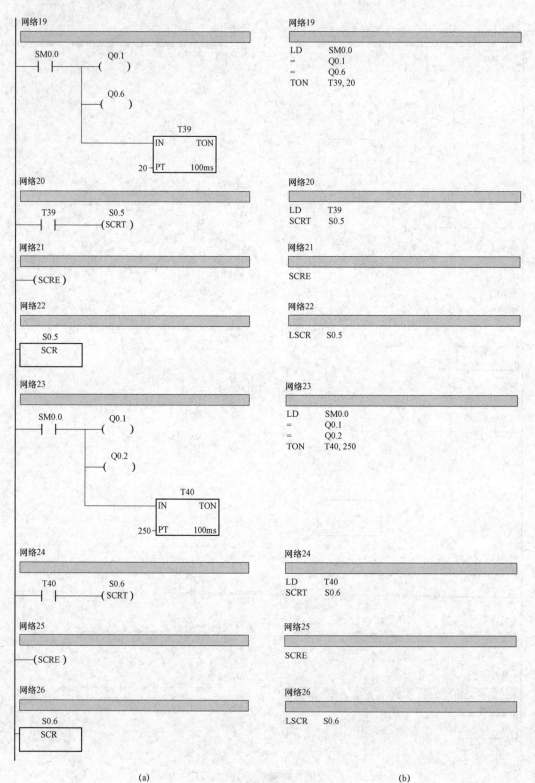

网络19

```
LD     SM0.0
=      Q0.1
=      Q0.6
TON    T39, 20
```

网络20

```
LD     T39
SCRT   S0.5
```

网络21

```
SCRE
```

网络22

```
LSCR   S0.5
```

网络23

```
LD     SM0.0
=      Q0.1
=      Q0.2
TON    T40, 250
```

网络24

```
LD     T40
SCRT   S0.6
```

网络25

```
SCRE
```

网络26

```
LSCR   S0.6
```

(a)   (b)

图56-3 交通灯控制系统 1PLC 程序（三）

（a）梯形图；（b）指令表

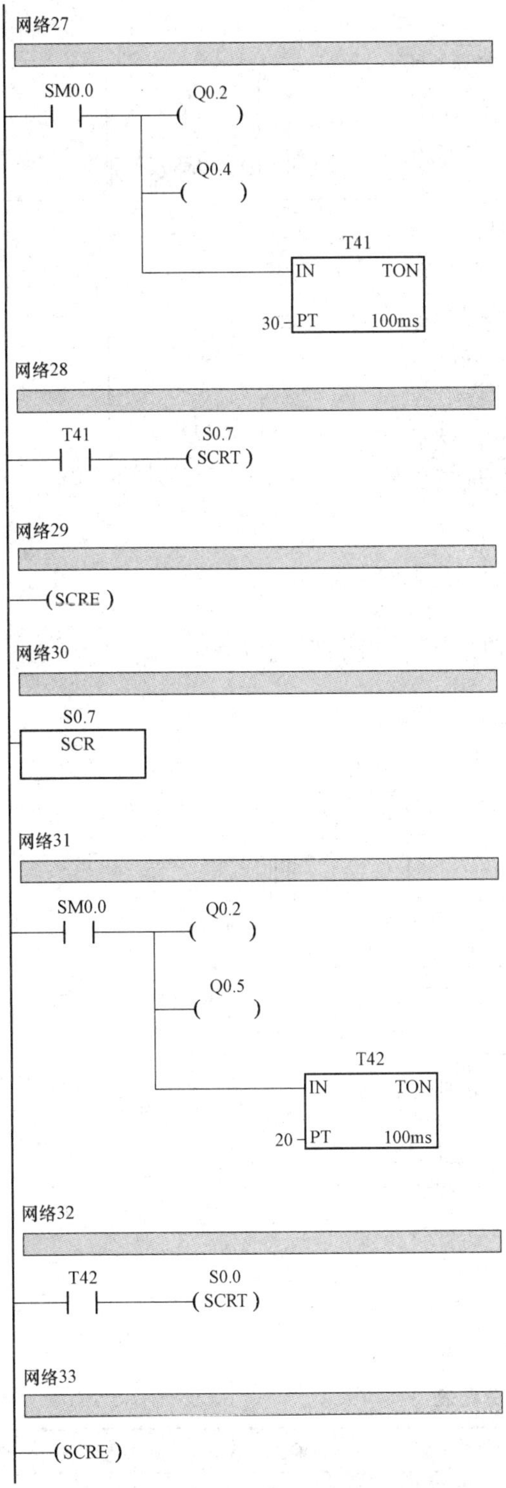

网络27

```
SM0.0            Q0.2
─┤ ├──────────────( )

                 Q0.4
              ┌───( )

              │       T41
              │    ┌──────────┐
              │    │IN     TON│
              └────┤          │
              30 ──┤PT   100ms│
                   └──────────┘
```

网络28

```
T41              S0.7
─┤ ├──────────────( SCRT )
```

网络29

```
──( SCRE )
```

网络30

```
S0.7
┌──────┐
│ SCR  │
└──────┘
```

网络31

```
SM0.0            Q0.2
─┤ ├──────────────( )

                 Q0.5
              ┌───( )

              │       T42
              │    ┌──────────┐
              │    │IN     TON│
              └────┤          │
              20 ──┤PT   100ms│
                   └──────────┘
```

网络32

```
T42              S0.0
─┤ ├──────────────( SCRT )
```

网络33

```
──( SCRE )
```

(a)

网络27

```
LD      SM0.0
=       Q0.2
=       Q0.4
TON     T41, 30
```

网络28

```
LD      T41
SCRT    S0.7
```

网络29

```
SCRE
```

网络30

```
LSCR    S0.7
```

网络31

```
LD      SM0.0
=       Q0.2
=       Q0.5
TON     T42, 20
```

网络32

```
LD      T42
SCRT    S0.0
```

网络33

```
SCRE
```

(b)

图 56－3　交通灯控制系统 1PLC 程序（四）

（a）梯形图；（b）指令表

例57 交通灯控制系统2

具体要求：十字路口交通信号灯示意图如图57-1所示。信号灯的动作受开关总体控制，按1下启动按钮，信号灯系统开始工作，并周而复始地循环动作；按1下停止按钮，所有信号灯都熄灭。信号灯控制要求如下：

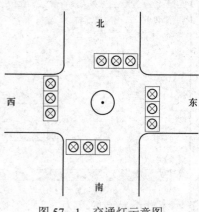

（1）北红灯亮维持30s，在南北红灯亮的同时，东西绿灯也亮，并维持25s，到25s时，东西方向绿灯闪，闪亮3s后，绿灯灭。在东西绿灯熄灭的同时，东西黄灯亮，并维持2s，到2s时，东西黄灯灭，东西红灯亮。同时，南北红灯熄灭，南北绿灯亮。

（2）西红灯亮维持30s。南北绿灯亮维持25s，然后闪亮3s，再熄灭。同时南北方向黄灯亮，并维持2s后熄灭，这时南北红灯亮，东西绿灯亮。

图57-1 交通灯示意图

接下去周而复始，直到停止按钮被按下为止。

1. 画出时序图

根据十字路口交通信号灯的控制要求，画出时序图，如图57-2所示。

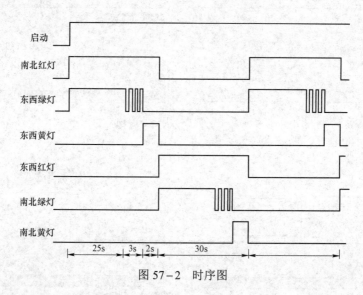

图57-2 时序图

2. 分配输入/输出（I/O）点数

输入/输出点数分配表见表57-1。

表57-1   输入/输出点数分配表

输入			输出		
元件	作用	输入点	元件	作用	输出点
SB1	启动按钮	I0.0	HL1	东西绿灯	Q0.0
SB2	停止按钮	I0.1	HL2	东西黄灯	Q0.1

输　入			输　出		
元件	作用	输入点	元件	作用	输出点
			HL3	东西红灯	Q0.2
			HL4	南北绿灯	Q0.4
			HL5	南北红灯	Q0.5
			HL6	南北黄灯	Q0.6

3. 画出接线图

接线图如图 57 − 3 所示。

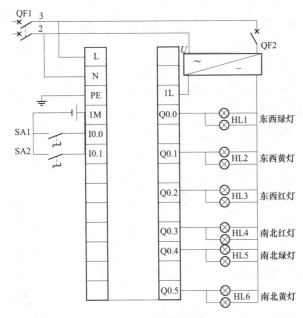

图 57 − 3　接线图

由图可见：启动按钮 SB1 接于输入继电器 I0.0 端，停止按钮 SB2 接于输入继电器 I0.1 端，东西方向的绿灯接于输出继电器 Q0.0 端，东西方向黄灯接于输入继电器 Q0.1 端，东西方向的红灯接于输出继电器 Q0.2 端，南北方向绿灯接于输出继电器 Q0.3 端，南北方向的黄灯接于输出继电器 Q0.4，南北方向红接于输出继电器 Q0.5。将输出端的 1L 及 2L 用导线相连，输出端的电源为交流 220V。

4. 编制程序

交通灯控制系统 PLC 程序如图 57 − 4 所示。

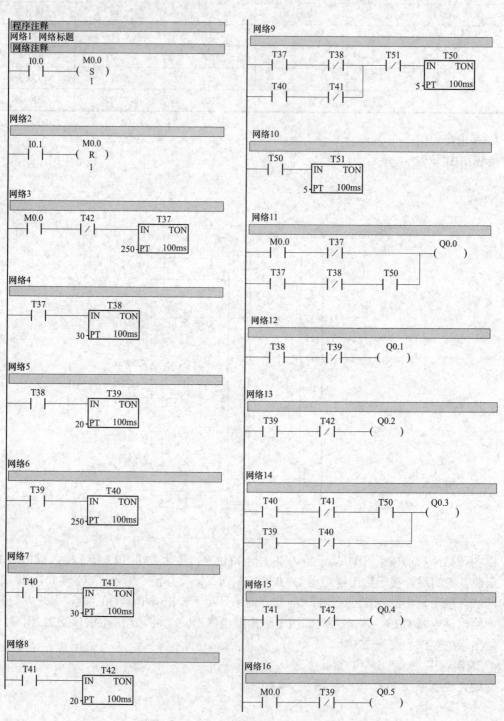

图57-4 交通灯控制系统2PLC程序

例58 汽车烤漆房恒温控制系统

保持温度的恒定是烤漆房控制系统的主要要求，在实际使用中，既有使用带控制触点的温控表在温度达到设定值后，断开加热电源，然后温度降低后再次接通的；也有通过 D/A 转换模块控制调功器控制加热功率实现温度恒定的。本任务就是使用 PLC 控制 D/A 转换模块的方法来实现温度的恒定。恒温控制框图如图 58-1 所示。

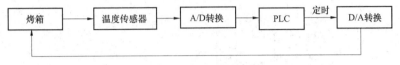

图 58-1 恒温控制框图

1. 分配输入/输出（I/O）点数

输入/输出点数分配表见表 58-1。

表 58-1 　　　　　　　　　　输入/输出点数分配表

名称	代号	输入点	名称	代号	输出点
启动	SB1	I0.0	加热接触器	KM	Q0.1
停止	SB2	I0.1			

2. 画出接线图

接线图如图 58-2 所示。

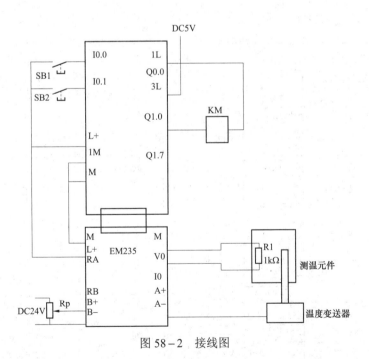

图 58-2 接线图

控制要求：已知温度设定值是 60℃，按下启动按钮，当温度达到 60℃时，停止加热，延时 10s 后，若温度低于设定值继电器再次接通加热，直到按下停止按钮。

3. 编制程序

汽车烤漆房恒温控制系统 PLC 程序如图 58-3 所示。

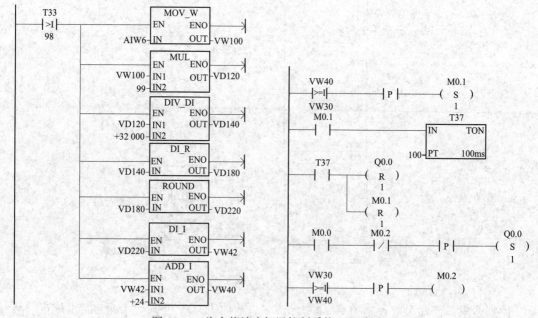

图 58-3　汽车烤漆房恒温控制系统 PLC 程序

例 59 啤酒自动灌装控制电路

具体要求：有一条啤酒自动灌装生产线，传送带电机功率为 4kW，工艺流程示意图如图 59-1 所示。

按下启动按钮，电动机低速向右运行，根据工艺要求，当传感器 1 检测到瓶子后，若传感器 2 在 10s 内检测不到 12 个瓶子，则调整为中速；若在 15s 内检测不到 12 瓶子，则速度调整为高速；高、中、低速对应于 20Hz/30Hz/40Hz，在 1 分钟内无瓶，则停机。

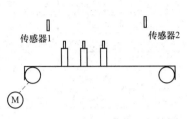

图 59-1 啤酒自动灌装工艺简图

解：根据控制要求可知，输入信号有启动、停止，还有检测传感器；变频器的频率调整是通过 DIN1～DIN3 控制端子的组合状态实现控制的。

1. 分配输入/输出（I/O）点数

输入/输出点数分配表见表 59-1。

表 59-1　　　　　　　　　　　　　　　　输入/输出点数分配

输　　入		输　　出	
名称	输入点	名称	输出点
启动	I0.0	STF	Q0.0
传感器 1	I0.1	RL	Q0.1
传感器 2	I0.2	RM	Q0.2
停止	I0.3	RH	Q0.3

2. 画出接线图

接线图如图 59-2 所示。

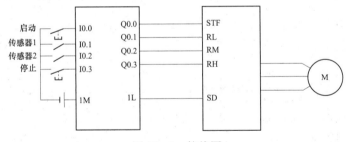

图 59-2 接线图

3. 变频器参数设定

变频器参数设定见表 59-2 所示。

表 59-2　　　　　　　　　　　　变 频 器 参 数 设 定

参数名称	参数号（Pr.）	设定值
提升转矩	0	5%
上限频率	1	50Hz
下限频率	2	3Hz
基底频率	3	50Hz
多段高速	4	40Hz
多段中速	5	30Hz
多段低速	6	20Hz

续表

参数名称	参数号（Pr.）	设定值
加速时间	7	5s
减速时间	8	5s
电子过电流保护	9	3A（以实际使用电动机为准）
加减速基准频率	20	50Hz
操作模式	79	3

4. 编制程序

啤酒自动灌装控制电路 PLC 程序如图 59-3 所示。

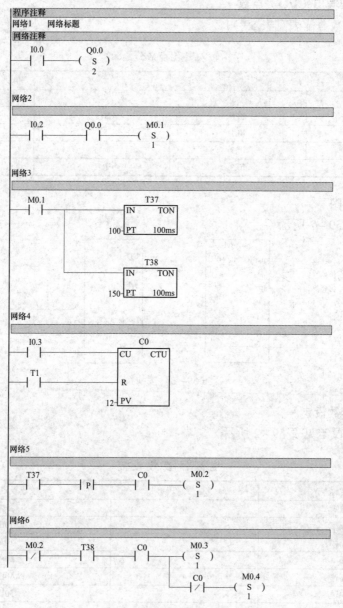

图 59-3　啤酒自动灌装控制电路 PLC 程序（一）

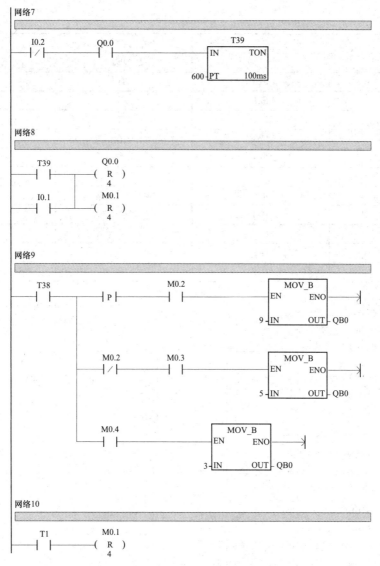

图 59－3　啤酒自动灌装控制电路 PLC 程序（二）

例⑩　啤酒自动装箱机控制电路

具体要求：啤酒灌装结束后，要打包装箱进入流通环节，本例就是学习如何进行计数、装箱等内容。啤酒自动装箱机示意图如图 60－1 所示，传送带传送啤酒瓶到 A（运行频率 20Hz），当有 4 瓶进入第一道，则第二道立即推进，4 瓶进入第二道后，第三道推进，当满 12 瓶后，传送带速度降低（15Hz），等待装箱夹头下降抓取之后，再次按照 20Hz 运行，如此循环。

从控制要求可以看出，本例的关键在于计数，推进速度与传送带速度的配合控制。

1. 分配输入/输出（I/O）点数

输入/输出点数分配表见表 60－1。

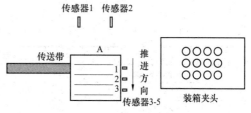

图 60－1　模拟设备的示意图

121

表 60-1   输入/输出点数分配表

输 入		输 出	
名称	输入点	名称	输出点
启动	I0.0	STF	Q1.0
停止	I0.1	RL	Q1.1
传感器1	I0.2	RH	Q1.2
传感器2	I0.3	垂直运行正转	Q0.0
传感器3	I0.4	垂直运行反转	Q0.1
传感器4	I0.5	水平运行正转	Q0.2
传感器5	I0.6	水平运行反转	Q0.3
左行限位	I1.0	啤酒瓶推进一格	Q0.4
上行限位	I1.1	夹头抓紧	Q0.5
右行限位	I1.2		
下行限位	I1.3		

2. 画出线路图

线路图如图 60-2 所示。

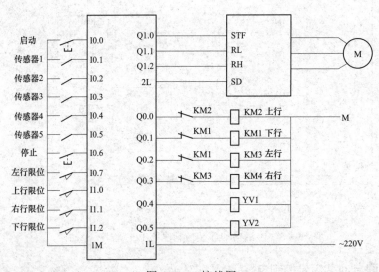

图 60-2   接线图

3. 变频器参数设定

变频器参数设定见表 60-2。

表 60-2   变 频 器 参 数 设 定

参数名称	参数号（Pr.）	设定值
提升转矩	0	5%
上限频率	1	50Hz
下限频率	2	3Hz
基底频率	3	50Hz
多段高速	4	40Hz

参数名称	参数号（Pr.）	设定值
多段中速	5	30Hz
多段低速	6	20Hz
加速时间	7	5s
减速时间	8	5s
电子过流保护	9	3A（以实际使用电动机为准）
加减速基准频率	20	50Hz
操作模式	79	3

4. 编制程序

啤酒自动装箱机控制电路 PLC 程序如图 60-3 所示。

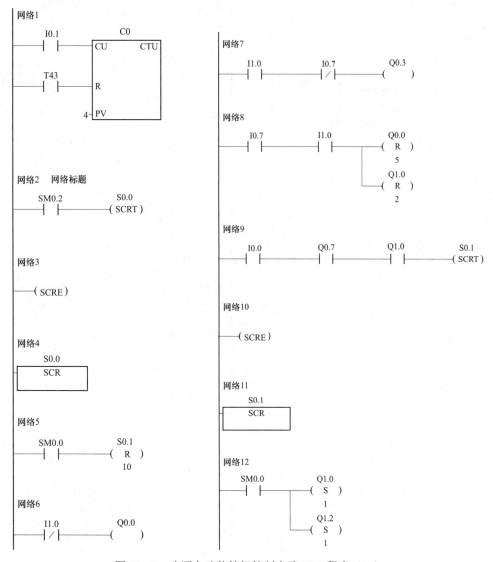

图 60-3　啤酒自动装箱机控制电路 PLC 程序（一）

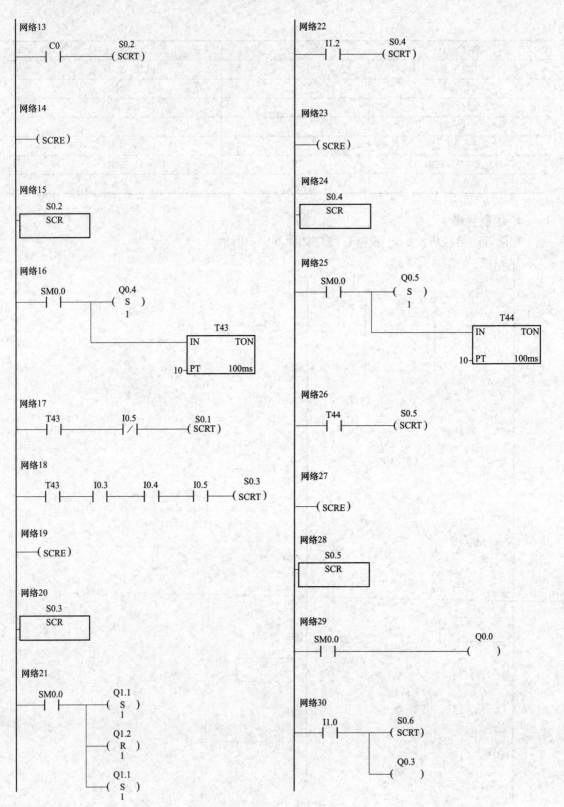

图 60-3 啤酒自动装箱机控制电路 PLC 程序（二）

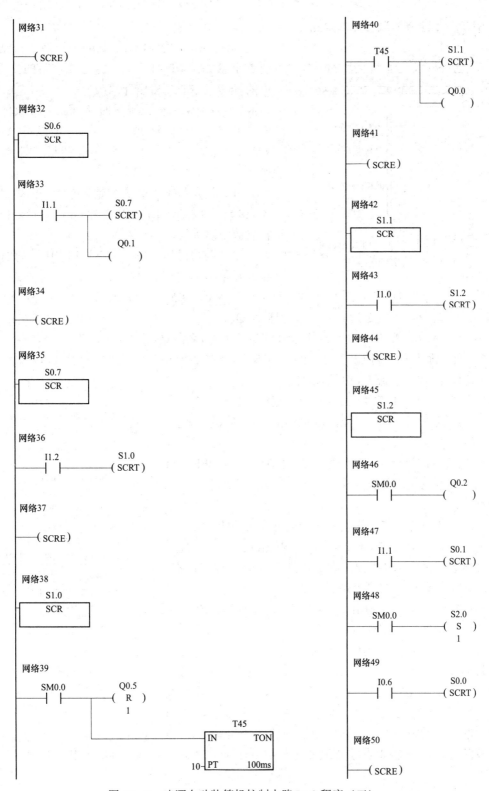

图 60-3 啤酒自动装箱机控制电路 PLC 程序（三）

例 61 2种液体混合控制电路

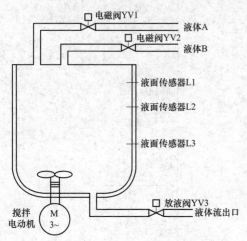

图 61-1 2种液体自动混合装置示意图

具体要求：由 PLC 控制的多种液体自动混合装置示意如图 61-1 所示，适合如饮料的生产、酒厂的配液、农药厂的配比等。图中，L1、L2、L3 为液位传感器，液面淹没时接通，2 种液体的流入和混合液体放液阀门分别由电磁阀 YV1、YV2、YV3 控制，M 为搅拌电动机，控制要求如下。

（1）初始状态。装置初始状态为：液体 A、液体 B 阀门关闭（YV1、YV2 为 OFF），放液阀门将容器放空后关闭。

（2）启动操作。按下启动按钮 SB1，液体混合装置开始按下列给定规律操作：

1）YV1=0N，液体 A 流入容器，液面上升；当液面达到 L2 处时，L2 为 ON，使 YV1 为 OFF，YV2 为 ON，即关闭液体 A 阀门，打开液体 B 阀门，停止液体 A 流入，液体 B 开始流入，液面继续上升。

2）当液面上升达到 L1 处时，L1 为 ON，使 YV2 为 0FF，电动机 M 为 ON，即关闭液体 B 阀门，液体停止流入，开始搅拌。

3）搅拌电动机工作 1min 后，停止搅拌（M 为 OFF），放液阀门打开（YV3 为 ON），开始放液，液面开始下降。

4）当液面下降到 L3 处时，L3 由 ON 变到 OFF，再过 20s，容器放空，使放液阀门 YV3 关闭，开始下一个循环周期。

（3）停止操作。在工作过程中，按下停止按钮 SB2，搅拌器并不立即停止工作，而要将当前容器内的混合工作处理完毕并将容器放空后（当前周期循环到底），才能停止操作，即停在初始位置上，否则会造成浪费。

根据控制要求，可画出 2 种液体自动混合装置的 PLC 控制工作流程图，如图 61-2 所示。

1. 分配输入/输出（I/O）点数

根据以上分析可知：输入信号有 SB1、SB2 和 3 个液位传感器信号 L1、L2、L3；输出信号有 KM0 和 3 个电磁阀线圈 YV1、YV2、YV3。确定它们与 PLC 中的输入继电器和输出继电器的对应关系，可得 PLC 控制系统的 I/O 端口地址分配表，输入/输出点数分配表见表 61-1。

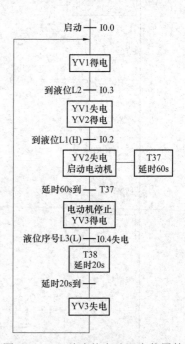

图 61-2 2种液体自动混合装置的
PLC 控制工作流程图

表 61 – 1 输入/输出点数分配表

输 入			输 出		
设备名称	代号	输入点	设备名称	代号	输出点
启动按钮	SB1	I0.0	接触器	KM0	Q0.0
停止按钮	SB2	I0.1	电磁阀线圈	YV1	Q0.1
高液位	L1	I0.2	电磁阀线圈	YV2	Q0.2
中液位	L2	I0.3	电磁阀线圈	YV3	Q0.3
低液位	L3	I0.4			

2. 画出接线图

接线图如图 61 – 3 所示。

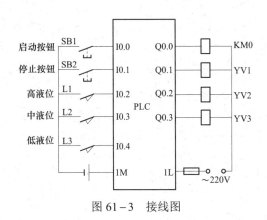

图 61 – 3 接线图

3. 编制程序

（1）根据控制要求，当一个工作循环完成后，应不必按启动按钮就能自动开始下一个循环。下一个循环开始，就是打开电磁阀 YV1，即输出继电器 Q0.1 应得电，因此，输出继电器 Q0.1 除受启动按钮 SB1（I0.0）控制外，还应受上一个循环结束信号控制。上一个循环结束信号，可取自放出混合液时间计时器 T1。当搅拌时间结束，液面下降到 L3 处，延时 20s 到时，T1 输出信号，控制 Y1 得电。

（2）根据混合装置的停机控制要求，应将停机信号记忆下来，待一个工作循环结束时再停止工作，因此应选择一个自锁环节将停机信号记忆下来。

停机信号与下一个自动循环控制信号串联再与启动按钮并联，就能实现待一个工作循环结束时再停止工作。

2 种液体混合控制电路 PLC 程序如图 61 – 4 所示。

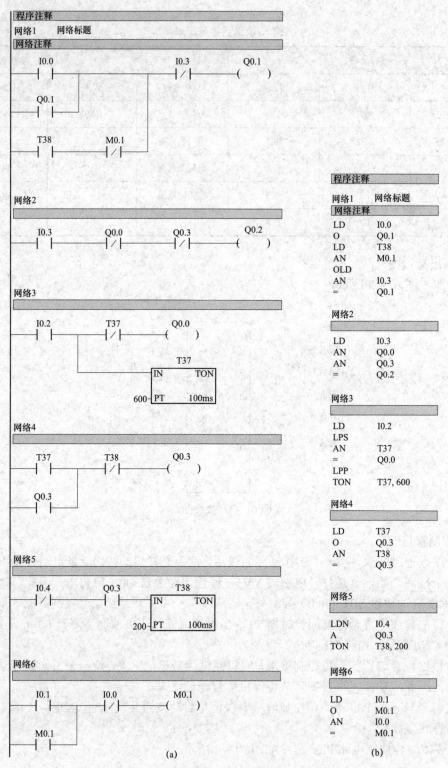

图 61-4 2 种液体混合控制电路 PLC 程序
（a）梯形图；（b）指令表

例 52　3 种液体混合控制电路

具体要求：图 62 - 1 所示为 3 种液体混合装置示意图。

（1）初始状态下，容量是空的，YV1，YV2，YV3，YV4 为 OFF，L1，L2，L3 为 OFF，搅拌机 M 为 OFF。

（2）启动按钮按下，YV1 = ON，液体 A 进容器，当液体达到 L3 时，L3 = ON，YV1 = OFF，YV2 = ON，液体 B 进入容器，当液体达到 L2 时，L2 = ON，YV2 = OFF，YV3 = ON，液体 C 进入容器，当液面达到 L1 时，L1 = ON，YV3 = OFF，M 开始搅拌。搅拌 10s 后，M = OFF，H = ON，开始对液体加热。当温度达到一定时，T = ON，H = OFF，停止加热，YV4 = ON，放出混合液体。液面下降到 L3 后，L3 = OFF，过 5s，容器空，YV4 = OFF。要求中间隔 5s 时间后，开始下一周期，如此循环。

（3）工作方式设置：按下启动按钮后自动循环，按下停止按钮要在一个混合过程结束后才可停止。

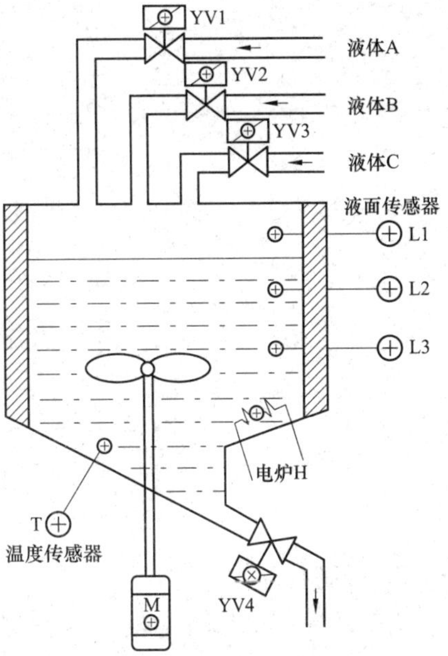

图 62 - 1　3 种液体混合装置示意图

1. 分配输入/输出（I/O）点数。

输入/输出点数分配表见表 62 - 1。

表 62 - 1　　　　　　　　　　输入/输出点数分配表

输　入			输　出		
名称	代号	输入点	名称	代号	输出点
启动	SB1	I0.0	电磁阀 1	YV1	Q0.0
停止	SB1	I0.1	电磁阀 2	YV2	Q0.1
传感器	L1	I0.2	电磁阀 3	YV3	Q0.2
传感器	L2	I0.3	电动机 M	M	Q0.3
传感器	L3	I0.4	电炉加热	H	Q0.4
传感器	T	I0.5	电磁阀 4	YV4	Q0.5

2. 画出接线图

接线图如图 62 - 2 所示。

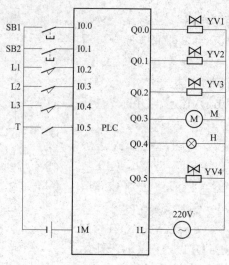

图 62-2 接线图

3. 编制程序

3 种液体混合控制电路 PLC 程序如图 62-3 所示。

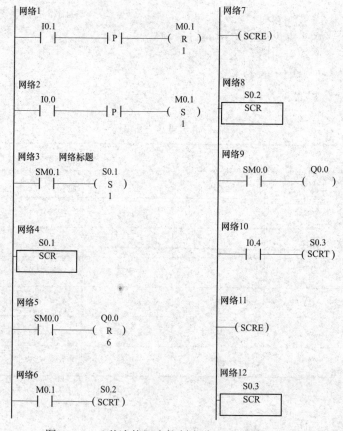

图 62-3 3 种液体混合控制电路 PLC 程序（一）

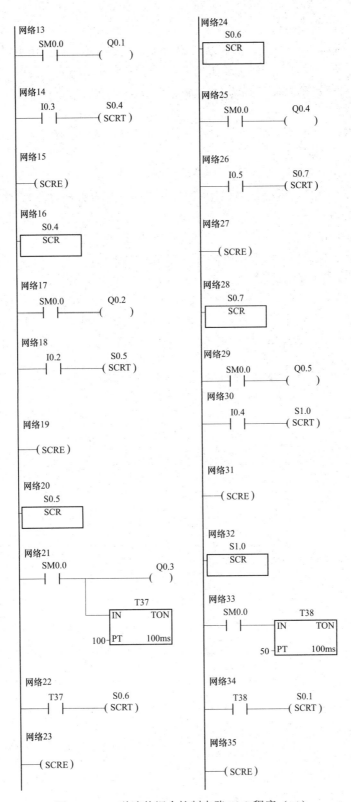

图 62-3 3 种液体混合控制电路 PLC 程序（二）

例 63 自动送料装车控制系统

具体要求： 自动送料装车控制系统示意图如图 63 - 1 所示，其控制要求如下。

（1）红灯 L1 灭，绿灯 L2 亮，表明允许汽车开进装料。料斗出料口 K2 关闭，电动机 M1、M2 和 M3 皆为 OFF。

（2）装车控制。

1）进料。如料斗中料不满（S1 为 OFF），5s 后进料阀 K1 开启进料；当料满（S1 为 ON 为时）终止进料。

2）装车。当汽车开进到装车位置（SQ1 为 ON）时，红灯 L1 亮，绿灯 L2 灭；同时启动 M3，经 2s 后启动 M2，再经 2s 后启动 M1，再经 2s 后打开料斗（K2 为 ON）出料。当车装满（SQ2 为 OFF）时，料斗 K2 关闭，2s 后 M1 停止，M2 在 M1 停止 2s 后停，M3 在 M2 停止 2s 后停止，同时红灯 11 灭，绿灯 L2 亮，汽车可以开走。

（3）停机控制。按下停止按钮 SB2，整个系统终止运行。

1. 分配输入/输出（I/O）点数

根据自动送料装车控制的要求，考虑到车在位指示信号和红灯信号的同步性，Y10～Y17 还要用于计数输出，为了节省输出点，用一个输出点 Y2 驱动红灯 L1 和车在位信号 D1。电动机 M1～M3 通过接触器 KM1～KM3 控制。输入/输出点数分配表见表 63 - 1。

表 63 - 1   输入/输出点数分配表

输　入			输　出		
名称	代号	输入点	名称	代号	输出点
手动启动	SB1	I0.0	电磁阀 1	YV1	Q0.0
手动停止	SB1	I0.1	电磁阀 2	YV2	Q0.1
自动停止	SB3	I0.2	电磁阀 3	YV3	Q0.2
自动启动	SB4	I0.3	电动机 M	M	Q0.3
传感器	L1	I0.4	指示灯	H	Q0.4
传感器	L2	I0.5	电磁阀 4	YV4	Q0.5
传感器	L3	I0.6			
传感器	T	I0.7			
急停	SB5	I1.0			

2. 画出接线图

接线图如图 63 - 2 所示。

3. 编制程序

自动送料装车控制系统 PLC 程序如图 63 - 3 所示。

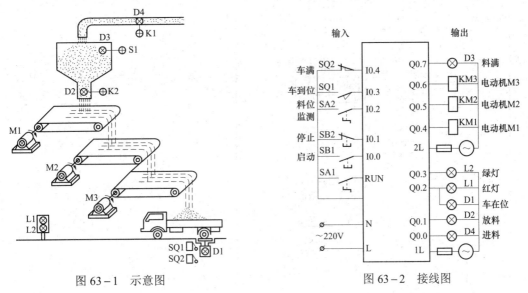

图 63-1　示意图　　　　　　　　　　　图 63-2　接线图

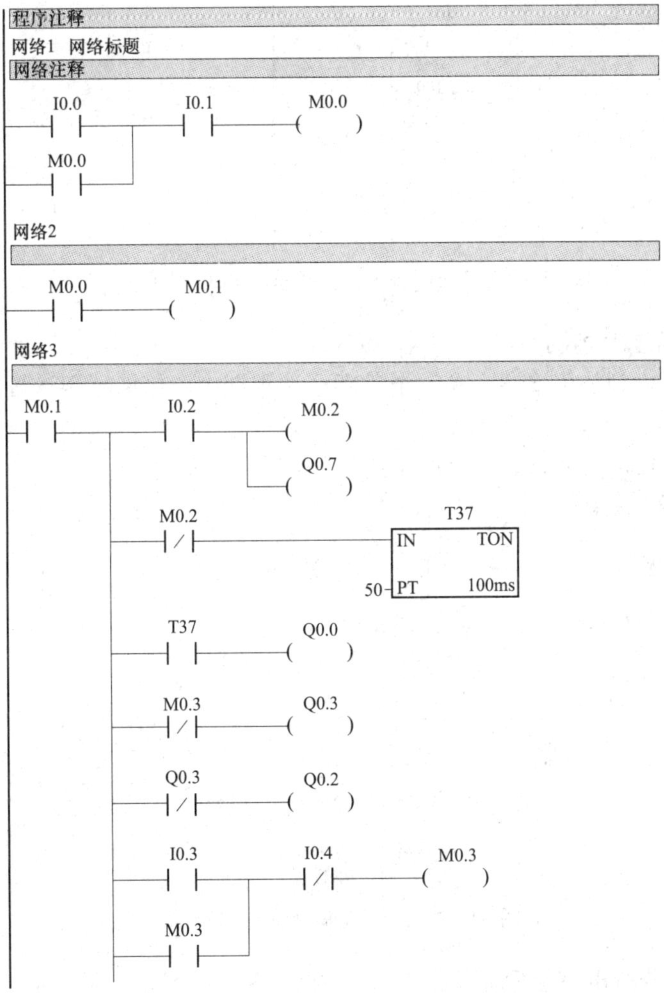

图 63-3　自动送料装车控制系统 PLC 程序（一）

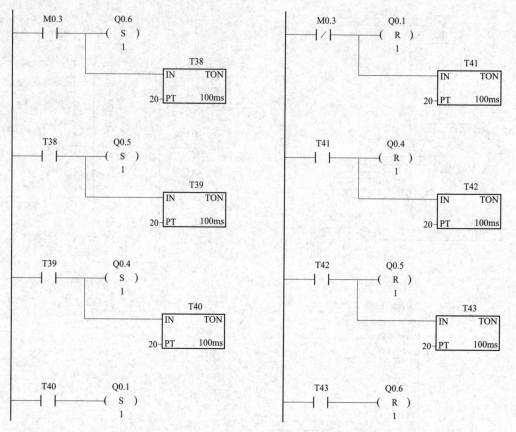

图 63-3　自动送料装车控制系统 PLC 程序（二）

例 64　注塑机电气控制系统

注塑机是塑料成型加工设备，在一个注塑成型周期中，包括预塑计量、注射充模、保压补缩、冷却定型过程。

注塑机拖动系统电路原理如图 64-1 所示。

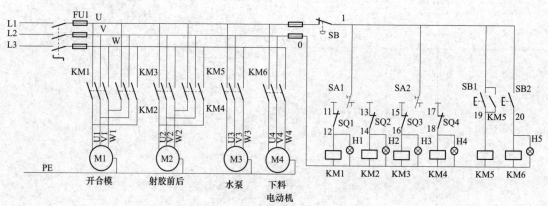

图 64-1　注塑机拖动系统电路原理

根据图 64-1 分析电路原理如下。

（1）溶胶加热。

合上电源开关 ── 温度传感器得电 ── 输入温度参数 ── 动合触点闭合
　　　　　　　　温控显示仪得电 　　　固态继电器得电

── 加热带开始加热 ── 到达设定温度 ── 温控触点断开

── 固态继电器失电 ── 加热带停止工作 ── 保温为射胶准备

（2）开合模。

合上开关 ──转换开关转向开模── KM1线圈得电 ── KM1主触点闭合 ──
── 电动机M1正转 ── 当撞下行程开关SQ1 ── 电动机停止（开模结束）

合上开关 ──转换开关转向合模── KM2线圈得电 ── KM2主触点闭合 ──
── 电动机M1反转 ── 当撞下行程开关SQ2 ── 电动机停止（合模结束）

（3）射胶前进后退。

合上开关 ──转换开关转向前进── KM3线圈得电── KM3主触点闭合 ──
── 电动机M2正转 ── 当撞下行程开关SQ3 ── 电动机停止（射胶前进结束）

合上开关 ──转换开关转向后退── KM4线圈得电 ── KM4主触点闭合 ──
── 电动机M2反转 ── 当撞下行程开关SQ4 ── 电动机停止（射胶后退结束)

（4）水泵。

合上开关 ──按下水泵启动按钮SB1── KM5线圈得电 ── KM5主触点闭合 ──
── 电动机M3正转 ── 按下急停按钮 ── 水泵停止

（5）射胶。

合上开关 ──按下射胶点动按钮SB2── KM6线圈得电 ── KM6主触点闭合 ──
── M4电机反转 ── 松下按钮 ── 射胶电机停止

1. 电路设计方案

（1）变频器控制方案。设计控制内容如下。

1）启动加热溶胶阶段；此时并办有料仓冷却（水泵自动开启）。

2）等待 5s 后，模具开始合模，先快速 50Hz 合模，3s 后，慢速 20Hz 锁模，直到合模限位接通，合模电机停止工作。

3）当温度到达射胶温度（温度传感器节点接通），此时开始射胶；射台前移（先高速50Hz 移动，3s 后再慢速移动），当射台到位后，开始以 40Hz 转速向模具内射胶，5s 后，以低速 20Hz 补胶保压；当到达射胶限位后，射胶电机停止。

4）射胶结束，射台以 40Hz 速度后移，当到达限位后，开始溶胶下料，溶胶电机以 10Hz的速度后退下料，当到达溶胶限位时，溶胶下料电机停止，但电加热继续，等待下一次射胶。

5）射胶结束，30s 后当零件冷却结束，开模电机先以 30Hz 的速度开模，3S 后以低速15Hz 开模，并由顶针顶出零件。当到达开模限位后，电机停止。此为整个注塑周期结束。

6）本注塑机也可根据实际情况进行手动控制和调整。手动时为了使设备安装调试方便，在此设计了一个双重功能（手自动切换和手动）按钮，即当按下手自动切换时，当前工步结束，按一次手动执行下一工步，按两次执行下下一个工步；以此类推。

（2）设计 PLC 控制方案。

1）模具电动机正反转实现合模和开模。

● 合模时：模具电动机先高速正转进行快速合模，当左模接近右模时，模具电动机转入低速运行进行合模。

● 合模结束时：为了做到准确停车，采用传感器控制继电器停止电动机工作。

● 开模时：模具电动机高速反转进行快速开模。

● 开模结束时：为了做到准确停车，用传感器控制继电器停止电动机工作。

2）注塑电动机正反转实现注料杆左右。

● 注料杆左行：注塑电动机先高速正转，注料杆快速下降，当注料杆接近挤压位置时，电动机转入低速运行，此时注料杆低速向左进行注塑挤压。

注料杆向左结束时：停车时，为了做到注料杆准确定位，电动机采用传感器控制继电器停止电动机工作。

● 注料杆上升：注塑电动机高速反转，注料杆快速上升。用传感器控制继电器停止电动机动作。

● 注料杆向右结束：为了做到准确停车，用传感器控制继电器停止电动机动作。

3）原料加热溶化和时间。人工将一定量的塑料原料加入到料筒中，料筒中的塑料原料在加热器的作用下经过一段时间（大约 1min）加热后融化，此时即可将其挤入模具成型注塑机可以对很多不同的原材料（如聚丙烯、聚氯乙烯、ABS 原料等）进行生产和加工，由于原材料的性质不同，所以以加热溶化的时间长短也不一样。这就要求加热的时间长短可以根据材料的性质不同进行调整。

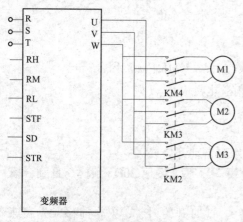

图 64-2 变频器控制线路

4）温度加热器。温度加热器用于对原材料进行加热，温度的高低通过改变加热器两端的电压高低来实现，要求温度的高低可以调整。

5）开模时间。高温原材料挤入模具后，需要在模具中冷却一段时间，让其基本成型后才能打开模具，这一段时间为保模时间。由于产品的大小和原材料的性质的不同，不同产品的保模时间有所不同，这就要求保模时间长短可以调整。

2. 设计变频器控制线路及参数

变频器控制线路如图 64-2 所示。

结合实际控制应用及要求，设定变频器的参数，见表 64-1。

表 64-1 　　　　　　　　　　变频器参数设定

参 数 代 码	功　　能	设 定 数 据
Pr.0	转矩提升	4%
Pr.1	上限频率	50Hz
Pr.2	下限频率	0Hz
Pr.3	基准频率	50Hz
Pr.4	多段速设定：1 段速	50Hz

参 数 代 码	功　能	设 定 数 据
Pr.5	多段速设定：2 段速	20Hz
Pr.6	多段速设定：3 段速	30Hz
Pr.7	加速时间	2s
Pr.8	减速时间	3s
Pr.9	电子过流保护	1.7A
Pr.14	适用负荷选择	0
Pr.20	加减速基准频率	50Hz
Pr.21	加减速时间单位	0
Pr.24	多段速设定：4 段速	40Hz
Pr.25	多段速设定：5 段速	10Hz
Pr.26	多段速设定：6 段速	15Hz
Pr.77	参数写入选择	0
Pr.78	逆转防止选择	0
Pr 79	运行模式选择	3
Pr.80	电动机（容量）	0.55kW
Pr.81	电动机（极数）	4 极
Pr.82	电动机励磁电流	1.5A
Pr.83	电动机额定电压	380V
Pr.84	电动机额定频率	50Hz
Pr.178	STF 端子功能的选择	60
Pr.179	STR 端子功能的选择	61
Pr.180	RL 端子功能的选择	0
Pr.181	RM 端子功能的选择	1
Pr.182	RH 端子功能的选择	2

3. PLC 程序设计

（1）分配输入/输出（I/O）点数。输入/输出点数分配表见表 64-2。

表 64-2　　　　　　　　　　　输入/输出点数分配表

输　入			输　出		
名称	代号	输入点	名称	代号	输出点
启动按钮	SB1	I1.0	水泵电动机接触器	KA1	Q0.0
停止按钮	SB2	I1.1	电加热丝接触器	KA	Q0.1
手自动切换按钮	SA1	I1.2	开合模电动机接触器	KM2	Q0.5
开模限位	SQ6	I0.0	下料电动机接触器	KM3	Q0.6
急停	SB	I0.1	射胶电动机接触器	KM4	Q0.7
合模限位	SQ1	I0.2	高速	RH	Q1.0
温度检测节点	BL	I0.3	中速	RM	Q1.1
射台前限位	SQ2	I0.4	低速	RL	Q1.2
射胶限位	SQ3	I0.5	正转	STF	Q1.3

输　　入			输　　出		
名称	代号	输入点	名称	代号	输出点
射台后限位	SQ4	I0.6	反转	STR	Q1.4
熔胶下料限位	SQ5	I0.7	电源指示灯	HL1	Q2.0
手动 – 合模	SA2	I1.3	溶胶下料电动机	HL2	Q2.1
手动 – 开模	SA2	I1.4	加热指示灯	HL3	Q2.2
手动 – 溶胶	SA3	I1.5	射台 – 后退	HL4	Q2.3
手动 – 射台前进	SA4	I1.6	射台 – 前进	HL5	Q2.4
手动 – 射台后退	SA4	I1.7	合模	HL6	Q2.5
手动 – 高速	SB3	I2.0	开模	HL7	Q2.6
手动 – 中速	SB4	I2.1			
手动 – 低速	SB5	I2.2			
手动 – 正转	SB6	I2.3			
手动 – 反转	SB7	I2.4			
手动 – 下料电机按钮	SB8	I2.5			

（2）画出接线图。注塑机控制系统接线图如图 64 – 3 所示。

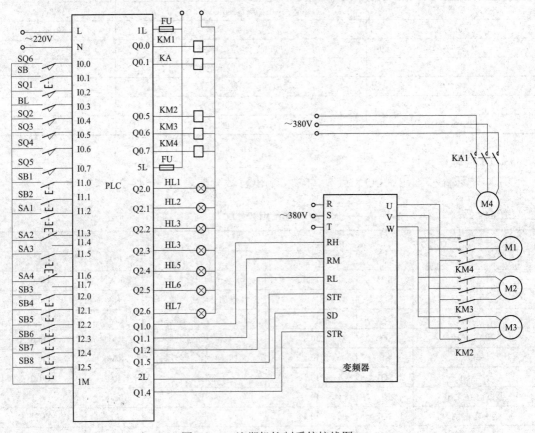

图 64 – 3　注塑机控制系统接线图

（3）编制程序。

注塑机工作状态流程图如图 64-4 所示。

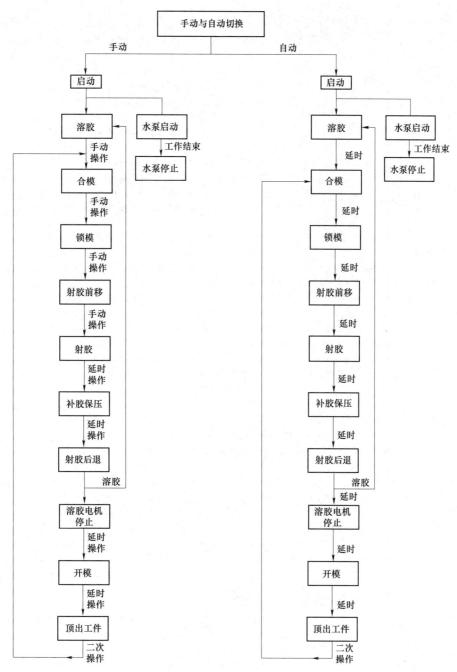

图 64-4　注塑机工作状态流程图

注塑机电气控制系统 PLC 程序如图 64-5 所示。

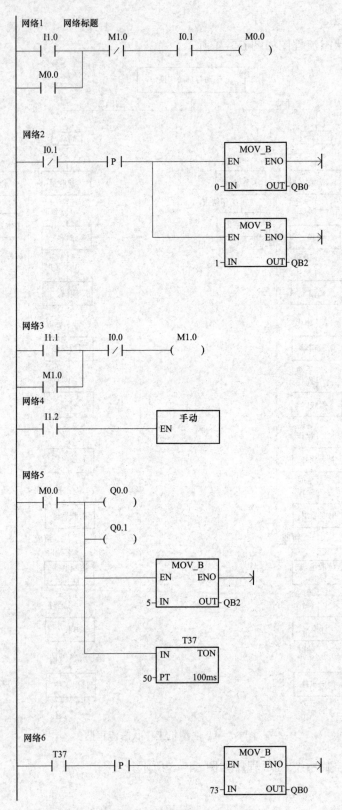

图 64-5　注塑机电气控制系统 PLC 程序（一）

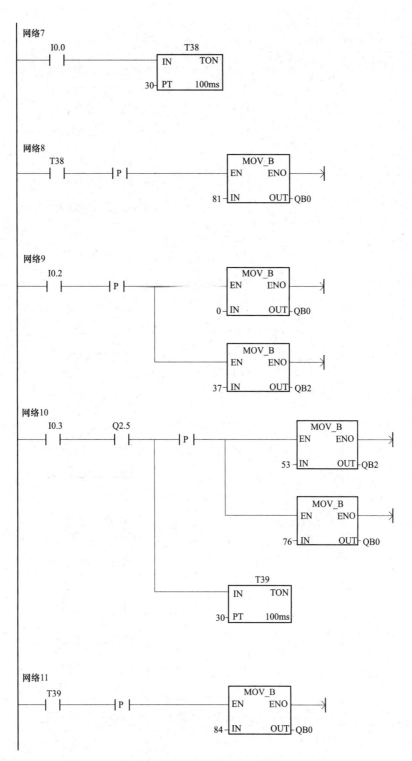

图 64-5 注塑机电气控制系统 PLC 程序（二）

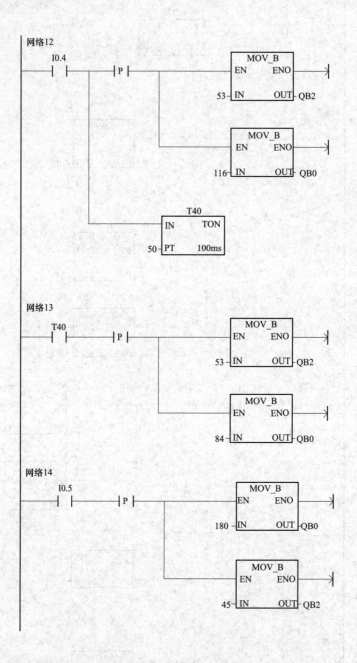

图 64-5 注塑机电气控制系统 PLC 程序（三）

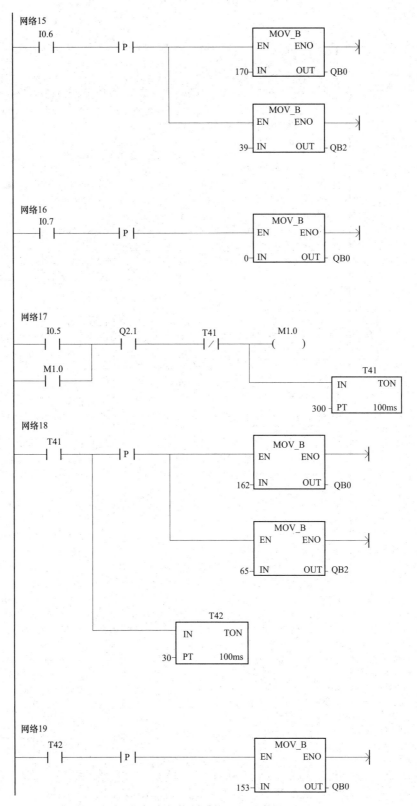

图 64－5　注塑机电气控制系统 PLC 程序（四）

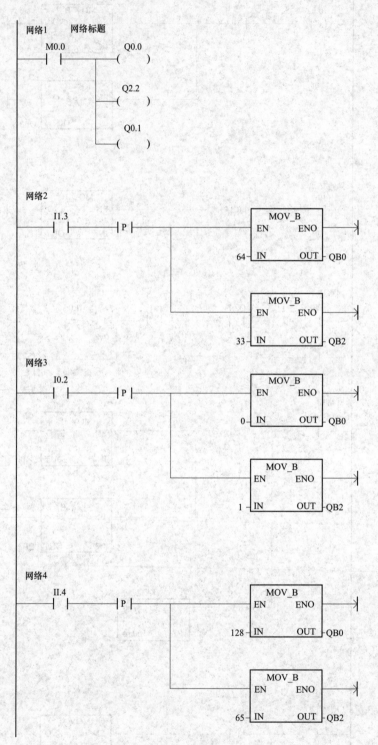

图 64-5 注塑机电气控制系统 PLC 程序（五）

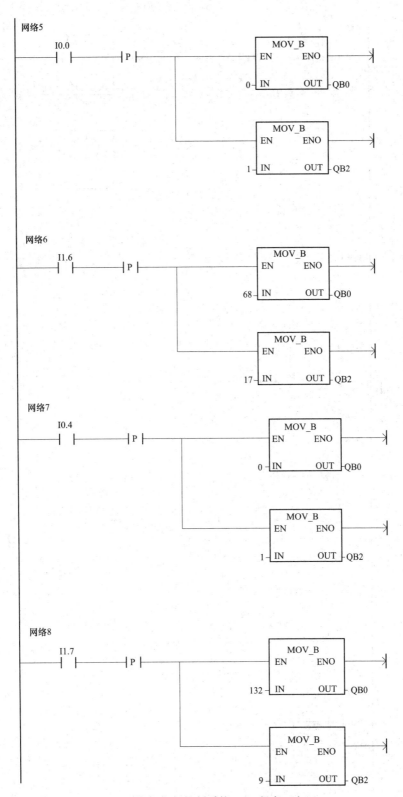

图 64-5 注塑机电气控制系统 PLC 程序（六）

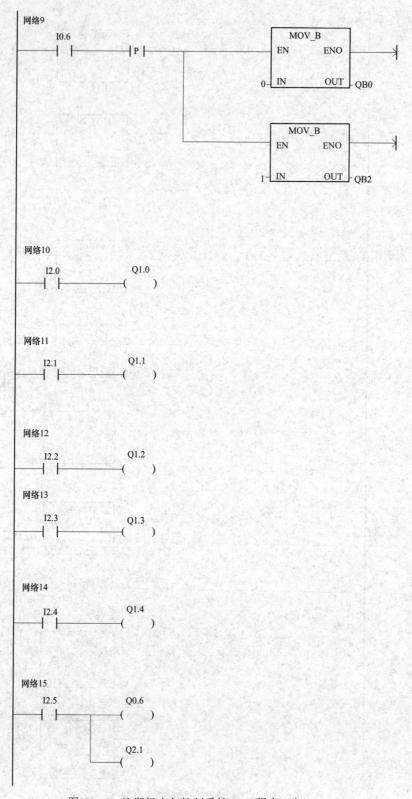

图 64-5　注塑机电气控制系统 PLC 程序（七）

例 ⑥ 电镀生产线自动控制系统

具体要求：

（1）根据要求设计电镀自动生产线 PLC 程序并进行检查。电镀生产线工艺流程如图 65–1 所示。

（2）安装与调试电镀自动生产线 PLC 程序。

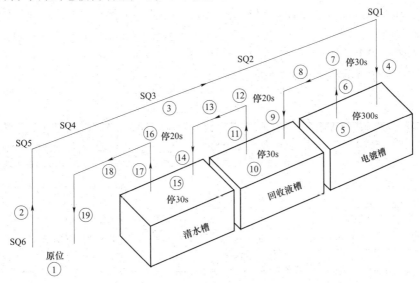

图 65–1 电镀生产线工艺流程

根据图 65–1 所示的工艺流程图可知，工件放入电镀槽中，电镀 5min 后提起 30s，再放入回收液槽中停放 30s，提起后停 20s，再放入清水槽中，清洗 30s，最后提起 20s，行车返回到原位，一个镀件的加工过程全部结束。这个过程可以分析成下面几步。

（1）原位，行车停在 SQ4 位置，吊钩停在 SQ6 位置，操作人员将工件挂到吊钩上。

（2）按下启动按钮，吊钩上升，提起镀件，压合行程开关 SQ5 时，停止上升，转到下一步。

（3）行车前进，直到压合行程开关 SQ1 时停止，吊钩停在电镀槽上方。

（4）吊钩下降，压合行程开关 SQ6 时，停止下降。镀件浸入镀液中，开始电镀。

（5）电镀时间为 5min，定时时间一到，电镀结束，转入下一步。

（6）吊钩上升，提起镀件，压合行程开关 SQ5 时停止上升。

（7）吊钩在电镀槽上方停在 30s，让镀件表面镀液流回到电镀槽中，定时时间一到，转入下一步。

（8）行车后退，压合行程开关 SQ2 后，吊钩停在回收液槽上方。

（9）吊钩下降，压合行程开关 SQ6 后停止，镀件放入回收液槽中。

（10）镀件在回收液槽中停留 30s，定时时间一到，转入下一步。

（11）吊钩上升，提起镀件，压合行程开关 SQ5 时停止上升。

（12）吊钩在电镀槽上方停在 20s，让镀件表面镀液流回到电镀槽中，定时时间一到，转入下一步。

（13）行车后退，压合行程开关 SQ3 后，吊钩停在清水槽上方。

（14）吊钩下降，压合行程开关 SQ6 后停止，将镀件放入清水槽中，进行清洗。

（15）清洗镀件的时间 30s，定时时间一到，转入下一步。

（16）吊钩上升，提起镀件，压合行程开关 SQ5 时停止上升。

（17）镀件表面的清水流回到清水槽，定时时间 20s，时间一到，转入下一步。

（18）行车后退，压合行程开关 SQ4 后，吊钩停在原位上方。

（19）吊钩下降，碰到行程开关 SQ6 后停止，回到原位，操作人员将镀件取下，一个工作循环结束。

1. 分配输入/输出（I/O）点数

输入/输出点数分配表见表 65-1。

表 65-1 输入/输出点数分配表

输　　入			输　　出		
代号	作用	输入点	代号	作用	输出点
SB1	启动按钮	I0.6	KM1	接触器（吊钩升）	Q0.0
SB2	停止按钮	I0.7	KM2	接触器（吊钩降）	Q0.1
SQ1	电镀槽位置	I0.0	KM3	接触器（行车进）	Q0.2
SQ2	回收液槽位置	I0.1	KM4	接触器（行车退）	Q0.3
SQ3	清水槽位置	I0.2			
SQ4	行车原位	I0.3			
SQ5	上限位	I0.4			
SQ6	下限位	I0.5			

2. 画出接线图

接线图如图 65-2 所示。

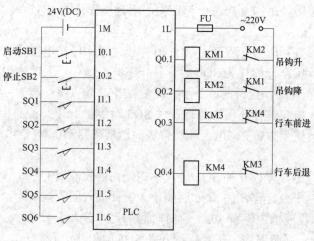

图 65-2　PLC 接线图

3. 编制程序

电镀生产线自动控制系统 PLC 程序如图 65-3 所示。

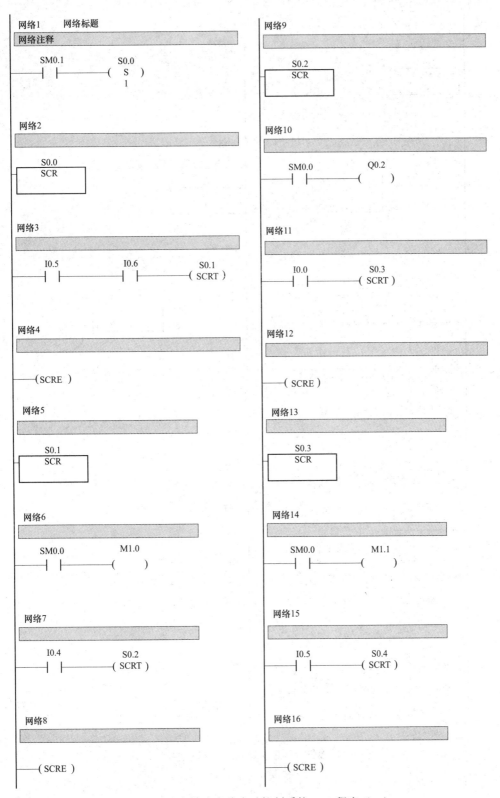

图 65-3　电镀生产线自动控制系统 PLC 程序（一）

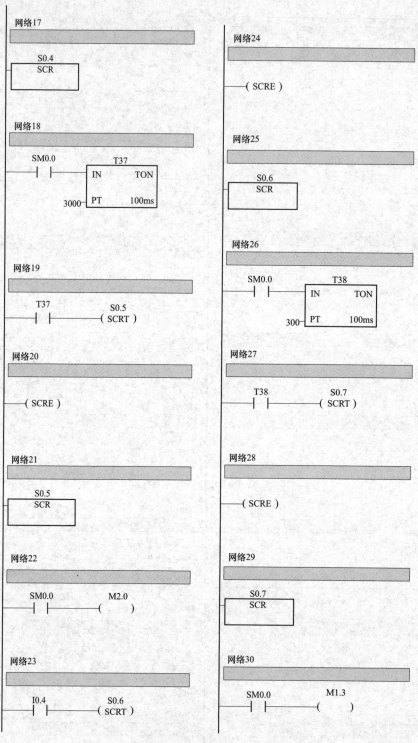

图 65-3　电镀生产线自动控制系统 PLC 程序（二）

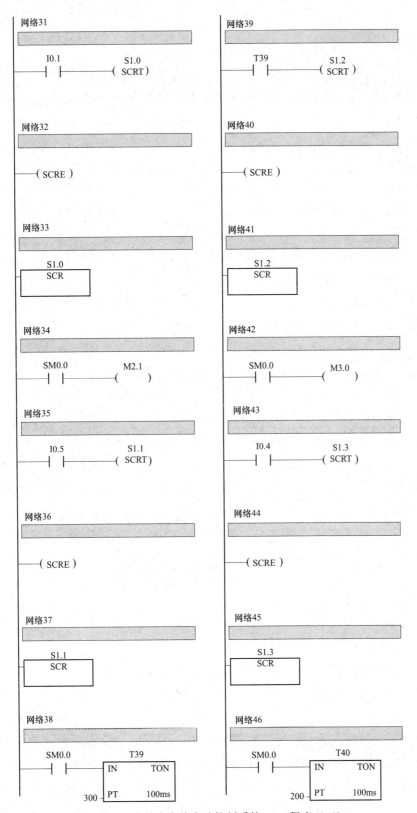

图 65－3　电镀生产线自动控制系统 PLC 程序（三）

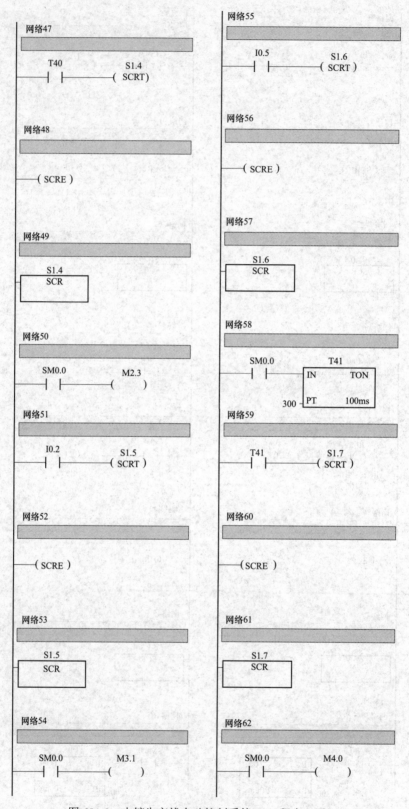

图 65-3　电镀生产线自动控制系统 PLC 程序（四）

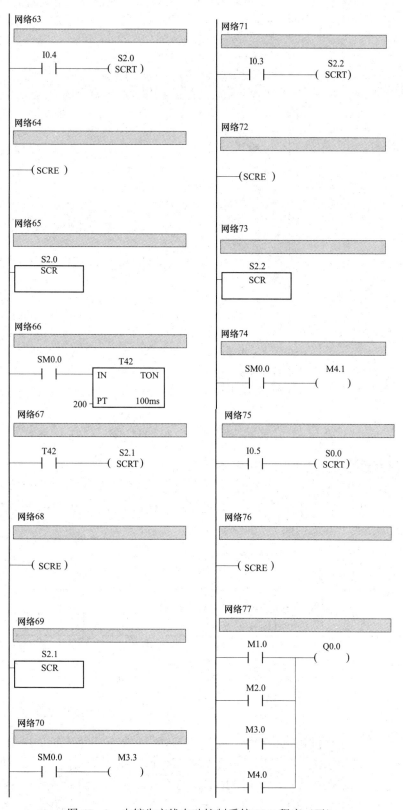

图 65－3　电镀生产线自动控制系统 PLC 程序（五）

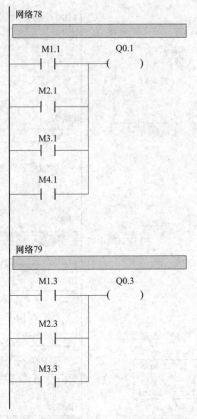

图 65-3　电镀生产线自动控制系统 PLC 程序（六）

例 66　双面钻孔组合机床控制系统

　　组合机床是针对特定工件进行特定加工而设计的一种高效率自动化专用设备。这类设备大多能多机多刀同时工作，并且具有工作自动循环功能。双面钻孔组合机床主要用于在工件的两相对表面上钻孔，其结构简图如图 66-1 所示。

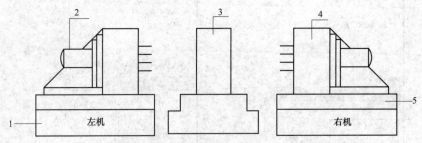

图 66-1　双面钻孔组合机床的结构简图
1—侧底座；2—刀具电动机；3—工件定位夹紧装置；4—主轴箱及钻头；5—动力滑台

　　机床由液压动力滑台提供进给动力，电动机拖动主轴箱的刀具主轴，提供切削主动力，工件的定位及夹紧装置由液压系统驱动。机床的工作循环图如图 66-2 所示。机床工作时，工件装入定位夹紧装置，按下启动按钮 SB4，工件开始定位和夹紧，然后左、右两面的动力滑台同时进行快速进给、工进和快退的加工循环，在此同时，刀具电动机也启动工作，冷却泵在工进过程中提供冷却液。加工结束后，动力滑台退回到原位，夹紧装置松开并拔出定位销，依次加工的工作循环结束。

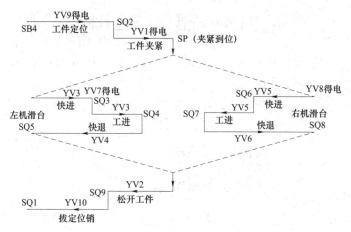

图 66-2　机床的工作循环图

机床动力滑台和工件定位、夹紧装置由液压系统驱动。电磁阀线圈 YV9 和 YV10 控制定位销液压缸活塞运动方向；YV1 和 YV2 控制夹紧液压缸活塞运动方向；YV3、YV4 和 YV7 为左机滑台油路中电磁阀换向线圈；YV5、YV6 和 YV8 为右机滑台油路中电磁阀换向线圈。电磁阀换向线圈动作状态见表 66-1。

表 66-1　　　　　　　　　　　电磁阀换向线圈动作状态

	YV1	YV2	YV3	YV4	YV7	YV5	YV6	YV8	YV9	YV10	转换指令
工件定位									+		SB4
工件夹紧	+		+		+	+		+			SQ2
滑台快进	+		+			+					KP
滑台工进	+										SQ3、SQ6
滑台快退	+			+			+				SQ4、SQ7
松开工件		+									SQ5、SQ8
拔定位销										+	SQ9
停止											SQ1
	夹紧		右机滑台			右机滑台			定位		

注　+——代表动作！

双面钻孔组合机床共有 4 台电动机，其主电路如图 66-3 所示。

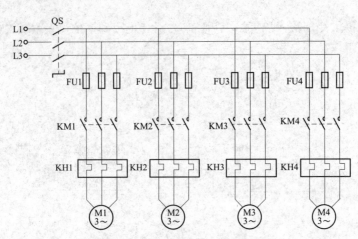

图 66-3 双面钻孔组合机床主电路

其中，M1 为液压泵电动机，液压泵电动机 M1 应先启动，使系统正常供油后，其他电动机的控制电路及液压系统的控制电路才能通电工作；M2 为左机的刀具电动机；M3 为右机的刀具电动机刀具电动机应在滑台进给寻还开始时启动运转，滑台退回到原位后停止运转；M4 为冷却泵电动机，冷却泵电动机可以手动控制启动和停止，也可以在滑台工进时启动，在工进结束后自动停止。

要求组合机床能分别在自动和手动两种方式下运行。

1. 分配输入/输出（I/O）点数

由 PLC 组成的双面钻孔组合机床控制系统共有输入信号 22 个，都是开关量，其中选择开关 1 个，按钮 11 个，检测组件 10 个；共有输出信号 15 个，其中电磁阀 10 个，控制 4 台电动机的接触器 4 个，指示灯 1 个。输入/输出点数分配表见表 66-2。

表 66-2   输入/输出点数分配表

输 入			输 出		
名称	代号	输入点	名称	代号	输出点
手动和自动选择开关	SA	I0.0	工件夹紧指示灯	HL	Q0.0
总停止按钮	SB1	I0.1	工件夹紧电磁阀	YV1	Q0.1
油泵电动机启动按钮	SB2	I0.2	工件松开电磁阀	YV2	Q0.2
液压系统停止按钮	SB3	I0.3	左机前进电磁阀	YV3	Q0.3
液压系统启动按钮	SB4	I0.4	左机后退电磁阀	YV4	Q0.4
左刀具电动机点动按钮	SB5	I0.5	右机前进电磁阀	YV5	Q0.5
右刀具电动机点动按钮	SB6	I0.6	右机后退电磁阀	YV6	Q0.6
夹具松开按钮	SB7	I0.7	左机快进电磁阀	YV7	Q0.7
左机快进点动按钮	SB8	I1.0	右机快进电磁阀	YV8	Q1.0
左机快退点动按钮	SB9	I1.1	工件定位电磁阀	YV9	Q1.1
右机快进点动按钮	SB10	I1.2	松开定位电磁阀	YV10	Q1.2
右机快退点动按钮	SB11	I1.3	油泵电动机启动接触器	KM1	Q1.3
松开工件定位行程开关	SQ1	I1.4	左机刀具电动机启动接触器	KM2	Q1.4

输　　入			输　　出		
名称	代号	输入点	名称	代号	输出点
工件定位行程开关	SQ2	I1.5	右机刀具电动机启动接触器	KM3	Q1.5
左机滑台快速结束行程开关	SQ3	I1.6	冷却泵电动机启动接触器	KM4	Q1.6
左机滑台工进结束行程开关	SQ4	I1.7			
左机滑台快退结束行程开关	SQ5	I2.0			
右机滑台快速结束行程开关	SQ6	I2.1			
右机滑台工进结束行程开关	SQ7	I2.2			
右机滑台快退结束行程开关	SQ8	I2.3			
工件压紧原位行程开关	SQ9	I2.4			
工件夹紧压力继电器	SP	I2.5			

2. 画出接线图

接线图如图 66 − 4 所示。

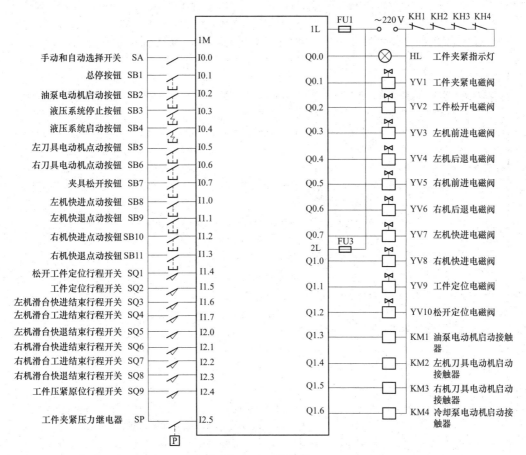

图 66 − 4　接线图

3. 编制程序

组合机床有手动工作方式和自动工作方式。可以通过开关 SA 选择不同的工作方式。假设 SA 断开时，机床的工作方式为自动工作方式；SA 闭合时为手动工作方式，双面钻孔组合机床控制系统 PLC 程序总框图如图 66-5 所示。

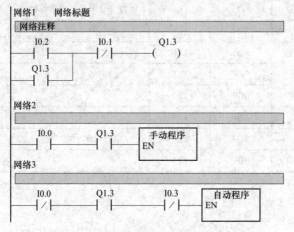

图 66-5　双面钻孔组合机床控制系统 PLC 程序

（1）手动控制程序。利用主控指令编写手动控制程序，如图 66-6 所示。

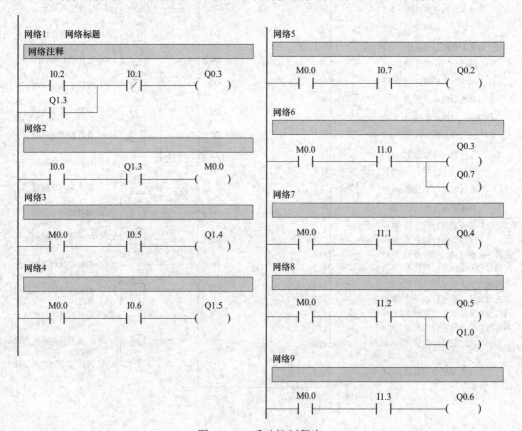

图 66-6　手动控制程序

（2）自动控制程序。根据如图 66-2 所示的机床的工作循环图，可以画出机床自动工作状态流程图，如图 66-7 所示。

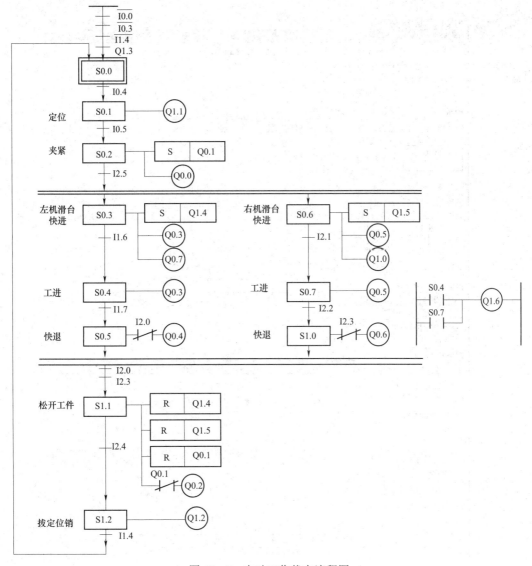

图 66-7　自动工作状态流程图

因该机床没有装料机械手，是手工将工件放到夹具上，加工完毕后，人工取下工件，所以工作方式为半自动。在 PLC 开机后，进入半自动工作方式的初始状态 S0.0，按下启动按钮 SB4，系统进入半自动工作状态。当一个工作循环结束后，又进入 S0.0 初始状态，为下一个加工作准备。双面钻孔组合机床自动控制 PLC 程序如图 66-8 所示。

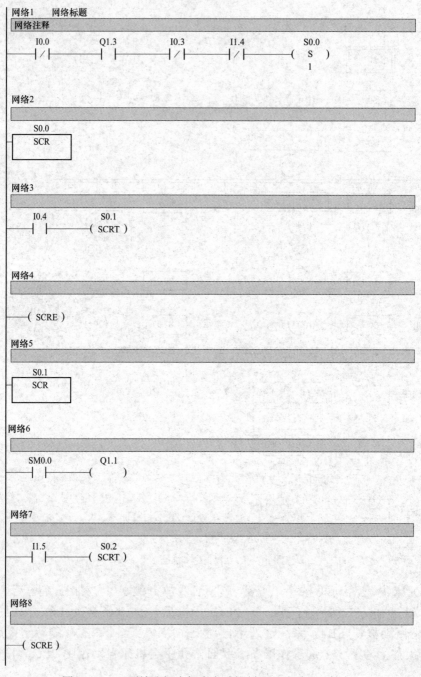

图 66－8　双面钻孔组合机床自动控制 PLC 程序（一）

网络9

```
    S0.2
┌──────────┐
│  SCR     │
└──────────┘
```

网络10

```
 SM0.0          Q0.1
──┤ ├──────┤P├──( S )
       │           1
       │    Q0.0
       └───( )
```

网络11

```
 I2.5      S0.3
──┤ ├──┬──( SCRT )
       │
       │   S0.6
       └──( SCRT )
```

网络12

```
──( SCRE )
```

网络13

```
    S0.3
┌──────────┐
│  SCR     │
└──────────┘
```

网络14

```
 SM0.0     Q0.3
──┤ ├──┬──( )
       │   Q0.7
       ├──( )
       │   Q1.4
       └──( S )
            1
```

网络15

```
 I1.6      S0.4
──┤ ├──┤ ├──( SCRT )
```

图 66-8 双面钻孔组合机床自动控制 PLC 程序（二）

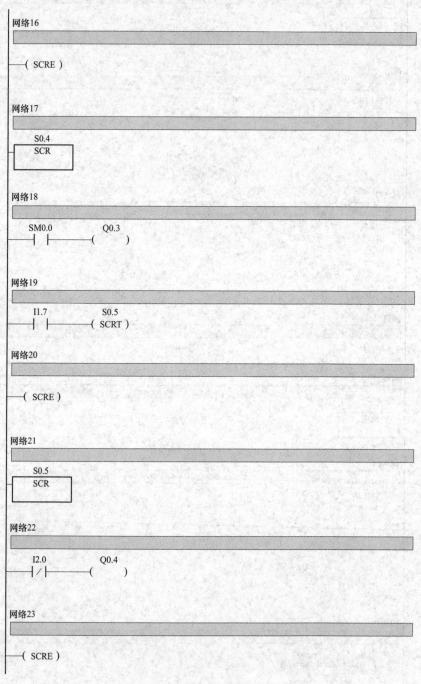

图 66-8　双面钻孔组合机床自动控制 PLC 程序（三）

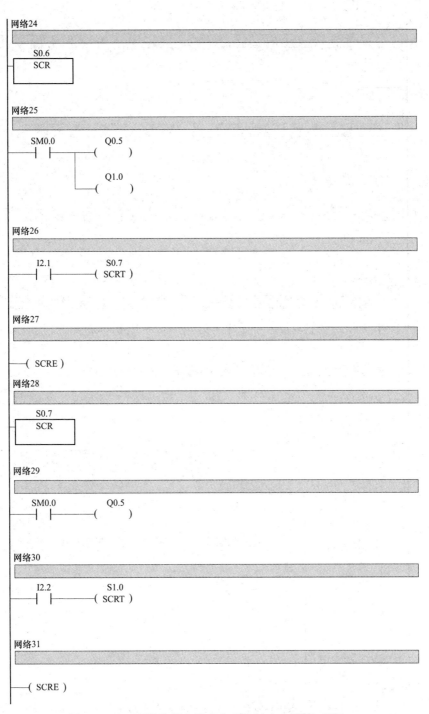

图 66-8　双面钻孔组合机床自动控制 PLC 程序（四）

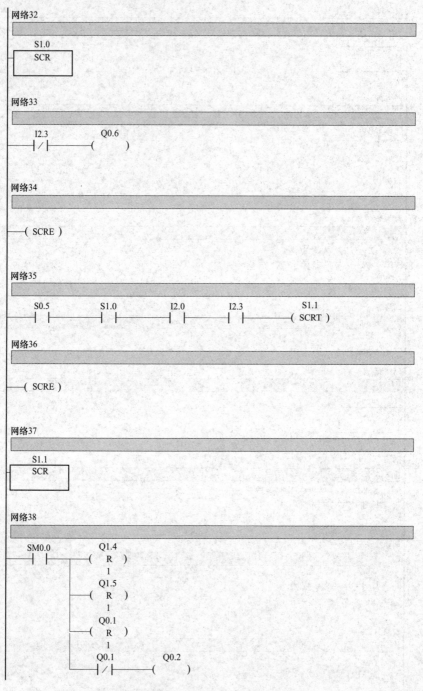

图 66-8　双面钻孔组合机床自动控制 PLC 程序（五）

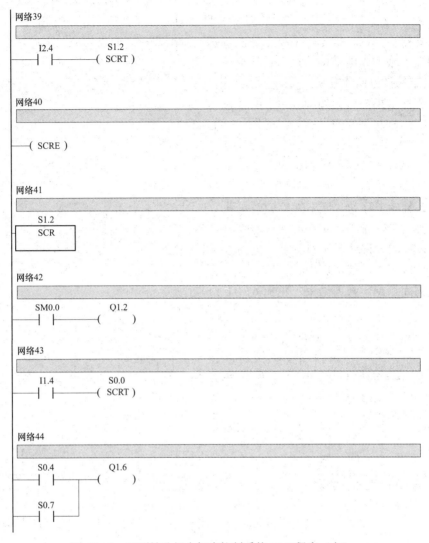

图 66-8　双面钻孔组合机床控制系统 PLC 程序（六）

例 57　加工中心刀库运动控制系统

刀库系统是提供自动化加工过程中所需储刀及换刀功能的装置

具体要求：利用 PLC 对加工中心刀库运动进行控制。

系统设计时，在明确系统设计要求的基础上，分电路系统设计和程序设计 2 部分。

1. 刀库转向计算方法

$T_差$＝目标刀号－当前刀号

如果满足以下条件，刀库正转为就近找刀的方向：

$T_差$＞0 且 $T_差$≥T_{MAX}/2　或者 $T_差$＜0 且 $T_差$＞－T_{MAX}/2

如果满足以下条件，刀库反转为就近找刀的方向：

$T_差$＞0 且 $T_差$≤T_{MAX}/2　或者 $T_差$＜0 且 $T_差$＜－T_{MAX}/2

当前刀号为 1，目标刀号为 4 时，$T_差$＝3＞0，并且 $T_差$≤T_{MAX}/2＝8/2，满足反转条件，判断反转为就近找刀的方向。

在 PLC 程序中，首先读入当前刀具号和目标刀具号，然后利用 PLC 的移位指令或其他的数据计算指令、比较指令，根据上述的判别式做出判断，输出相应的刀库旋转方向信号，驱动接触器实现刀库电动机的正、反转控制。

2. 刀库的换刀动作分析

盘式刀库的换刀过程如图 67-1 所示。

（1）刀库旋转到换刀坐标处，见图 67-1（a）。

（2）主轴准停。

（3）刀库前进，抓取旧刀，见图 67-1（b）。

（4）主轴松刀。

（5）Z 轴向上移动，让出刀库旋转尺寸，见图 67-1（c）。

（6）刀库旋转选刀，见图 67-1（d）。

（7）Z 轴向下移动至换刀位置，见图 67-1（e）。

（8）主轴紧刀，抓取新刀。

（9）刀库后退，换刀结束，见图 67-1（f）。

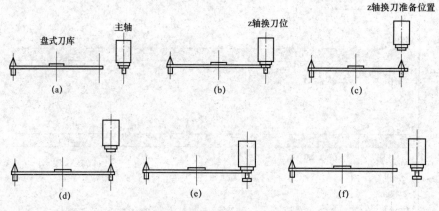

图 67-1　盘式刀库的换刀过程

3. PLC 控制程序的局部变量及位址分配表

本例需要柔性 PLC 程序，即要求同一个 PLC 程序可以适应不同的情况，例如，控制时序相同，但刀位数不同的刀库，就近换刀子程序采用参数化设计方法，即采用子程序使用形式参数的方法。PLC 控制程序的局部变量及位址分配表见表 67-1 所示，图 67-2 所示为换刀方向子程序的参数。

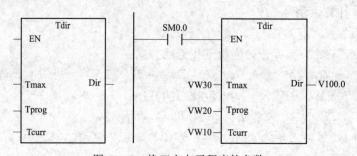

图 67-2　换刀方向子程序的参数

表 67-1　　　　　　　　PLC 控制程序的局部变量及位址分配表

地址号	符号	参数变数	数据类型	功能注释
—	EN	IN	BOOL	—
I0.0	D1	IN	WORD	当前刀号输入信号
I0.1	D2	IN	WORD	1 号目标刀号输入信号
I0.2	D3	IN	WORD	2 号目标刀号输入信号
I0.3	D4	IN	WORD	3 号目标刀号输入信号
I0.4	D5	IN	WORD	4 号目标刀号输入信号
I0.5	D6	IN	WORD	5 号目标刀号输入信号
I0.6	D7	IN	WORD	6 号目标刀号输入信号
I0.7	D8	IN	WORD	7 号目标刀号输入信号
I0.8	D9	IN	WORD	8 号目标刀号输入信号
LW0	Tmax	IN	WORD	刀库中的刀位总数
LW2	Tprog	IN	WORD	指定的目标刀号
LW4	Tcurr	IN	WORD	当前刀号
—	—	OUT	—	—
Q0.1	D10	OUT	BOOL	脉冲信号输出
Q0.2	D11	OUT	BOOL	刀库旋转方向执行信号
LW7	Max_2P	TEMP	WORD	Tmax/2
LW9	Max_2N	TEMP	WORD	− Tmax/2
LW11	MaxP1	TEMP	WORD	Tmax + 1
LW13	Diff	TEMP	WORD	目标刀号和当前刀号的差
L15.0	D12	TEMP	BOOL	Diff＞＝0&＜＝＋MAX/2
L15.1	D13	TEMP	BOOL	Diff＜＋0&＜＝−MAX/2
L15.2	D14	TEMP	BOOL	Diff＞＝0&＞＋MAX/2
L15.3	D15	TEMP	BOOL	Diff＜＝0&＞−MAX/2

4. 画出接线图

接线图如图 67-3 所示。

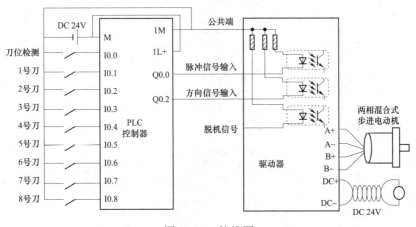

图 67-3　接线图

5. 编制程序

刀库运动控制 PLC 程序如图 67-4 所示。

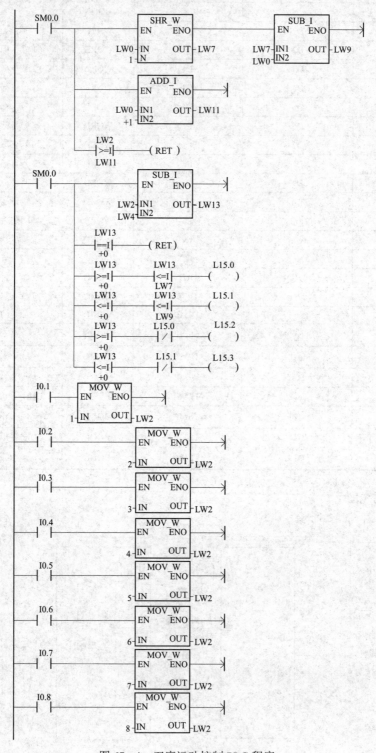

图 67-4　刀库运动控制 PLC 程序

例 68　信号灯闪光频率控制电路

具体要求：用 PLC 程序设计一个闪光信号灯，改变输入口所接置数开关可改变闪光频率。

1. 输入/输出（I/O）点数分配

4 个置数开关分别接于 I0.0～I0.3，I1.0 为启停开关，启停开关 I1.0 选用带自锁的按钮，信号灯接于 Y0。输入/输出点数分配表见表 68-1。

表 68-1　　　　　　　　　　　　　　输入/输出点数分配表

输　入		输　出	
输入点	作用	输出点	作用
I0.0	置数开关	Q0.0	信号灯
I0.1	置数开关		
I0.2	置数开关		
I0.3	置数开关		
I1.0	启停开关		

2. 画出接线图

接线图如图 68-1 所示。

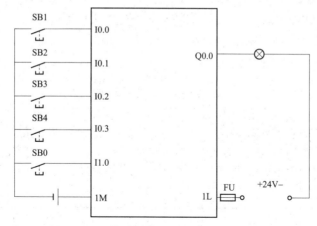

图 68-1　接线图

3. 编制程序

信号灯闪光频率控制电路 PLC 程序如图 68-2 所示。

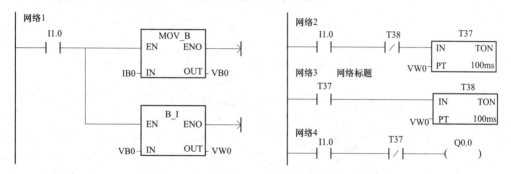

图 68-2　信号灯闪光频率控制电路 PLC 程序

例 69 运料小车控制系统

在自动化生产在线经常使用运料小车，其示意图如图 69-1 所示。货物通过运料小车 M 从 A 地运到 B 地，在 B 地卸货后小车 M 再从 B 地返回 A 地待命。本例主要利用步进指令来解决运料小车的自动控制，以满足动作要求。

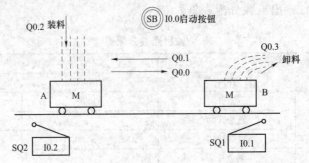

图 69-1　运料小车示意图

具体要求：假设小车开始停在左侧限位开关 SQ2 处，按下启动按钮 I0.0，Q0.2 变为 ON，打开储料斗的闸门，开始装料，同时用定时器 T37 定时，10s 后关闭储料斗的闸门，Q0.0 变为 ON，开始右行，碰到限位开关 SO、1 后停下来卸料，Q0.3 为 ON，同时用定时器 T38 定时，8s 后 Q0.1 变为 ON，开始左行，碰到限位开关，停止运行。

1. 分配输入/输出（I/O）点数

输入/输出点数分配表见表 69-1。

表 69-1　　　　　　　　　　　　　　　　　输入/输出点数分配表

输　　入		输　　出	
名称	输入点	名称	输出点
启动按钮	I0.0	小车右行	Q0.0
右限位开关	I0.1	小车左行	Q0.1
左限位开关	I0.2	装料	Q0.2
		卸料	Q0.3

2. 画出接线图

接线图如图 69-2 所示。

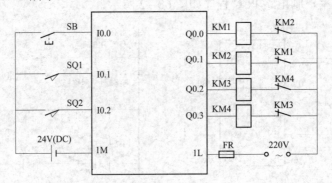

图 69-2　接线图

3. 画出状态流程图

在画出状态流程图之前，要分析电路，画出时序图，如图 69-3 所示。根据图中 Q0.0~Q0.3 的 ON/OFF 状态的变化，运料小车的一个工作周期分为装料、右行、卸料和左行 4 步，再加上等待装料的初始步，一共有 5 步。各限位开关、按钮和定时器提供的信号是各部之间的转换条件，由此画出状态流程图，如图 69-4 所示。

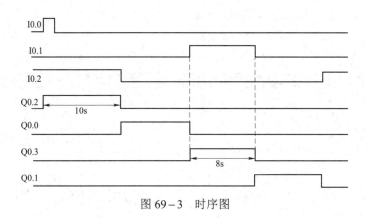

图 69-3　时序图

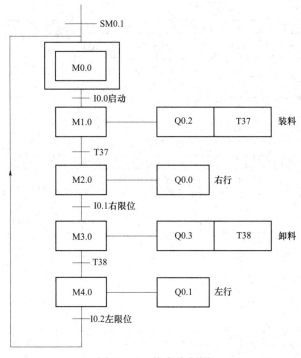

图 69-4　状态流程图

4. 编制程序

运料小车控制系统 PLC 程序如图 69-5 所示。

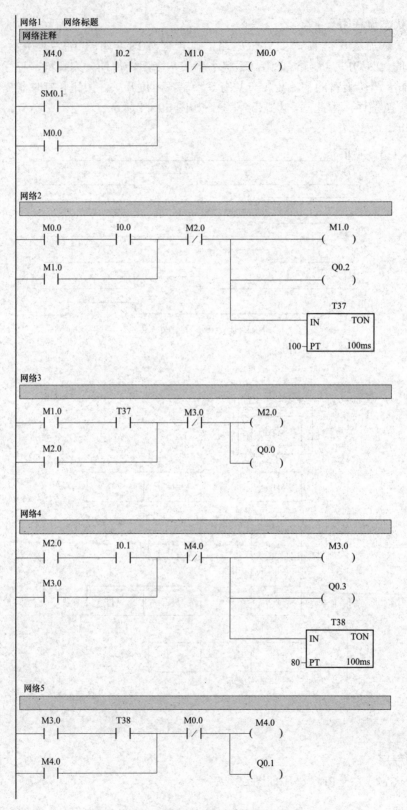

图 69-5 运料小车控制系统 PLC 程序

例 70 小车自动寻址控制系统

某车间有 5 个工作站，轨道上的小车往返于这 5 个站点之间运送货物，小车自动寻址控制系统示意图如图 70－1 所示。每个站点设有一个呼叫按钮和一个位置开关。当工作人员需要小车到来时只需按下本站的呼叫按钮即可。小车由电动机拖动，由电动机的正反转来控制小车运行方向。

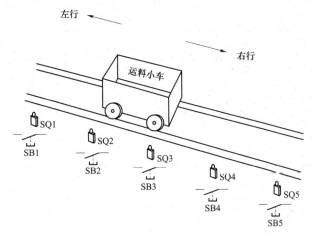

图 70－1 小车自动寻址控制系统

具体要求：

（1）小车初始位置应停在 5 个工作站中的任意一个，并压合该站点的位置开关；

（2）当启动开关（SA）开启后，系统开始运行，可接受工作站的呼叫；

（3）设小车当前停靠在 n 号位，m 号工位有呼叫信号。即 SQn 压合，SBm 呼叫按钮按下。则：

当 $m > n$ 时，小车右行至 SQm 动作，小车停止；

当 $m < n$ 时，小车左行至 SQm 动作，小车停止；

当 $m = n$ 时，小车保持原地不动。

（4）关闭启动按钮，要求当前呼叫响应结束后，即小车停靠于呼叫站点后，系统才能结束运行。

1. 分配输入/输出（I/O）点数

输入/输出点数分配表见表 70－1。

表 70－1　　　　　　　　　　　　　输入/输出点数分配表

输　　入			输　　出		
代号	功能	输入点	代号	功能	输出点
SA	启动开关	I0.0	KM1	小车右行	Q0.1
SB1	呼叫按钮 1	I0.1	KM2	小车左行	Q0.2
SB2	呼叫按钮 2	I0.2			

续表

输 入			输 出		
代号	功能	输入点	代号	功能	输出点
SB3	呼叫按钮 3	I0.3			
SB4	呼叫按钮 4	I0.4			
SB5	呼叫按钮 5	I0.5			
SQ1	位置开关 1	I1.1			
SQ2	位置开关 2	I1.2			
SQ3	位置开关 3	I1.3			
SQ4	位置开关 4	I1.4			
SQ5	位置开关 5	I1.5			

2. 画出接线图
接线图如图 70-2 所示。

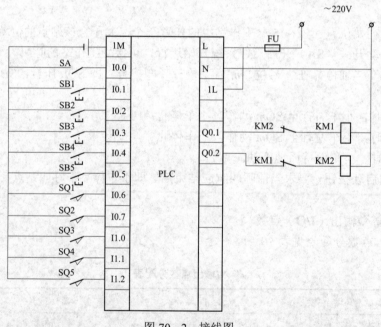

图 70-2　接线图

3. 编制程序
小车自动寻址控制系统 PLC 程序如图 70-3 所示。

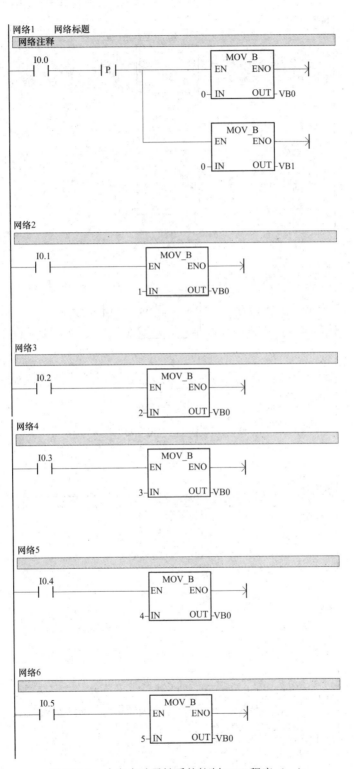

图 70-3　小车自动寻址系统控制 PLC 程序（一）

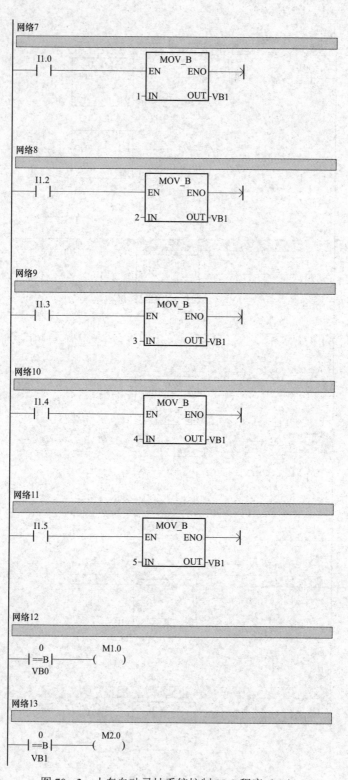

图 70-3　小车自动寻址系统控制 PLC 程序（二）

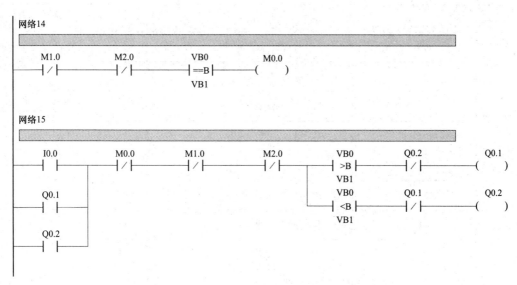

图 70-3　小车自动寻址系统控制 PLC 程序（三）

例 71　物料检测生产线控制系统

系统控制要求：

某车间有一物料检测生产线，控制系统采用 S7-200PLC 进行控制，传送带的驱动采用西门子 420 变频器进行驱动。

具体控制要求如下：

1）当系统通电时，各个动作机构回到初始位置，各个气缸处于回位限位状态，传送带开始运行。

2）当向出料塔中装载货料时，下料传感器 SN 输出信号，传送带停止运行，下料气缸 YV5 动作，将货物推到传送带上面。

3）传送带动作，将货物送到传感器检测区，当电感传感器输出信号时，1 号推气缸动作，将货物送到 1 号仓库。

4）当电容传感器输出信号时，2 号推气缸动作，将货物送到 2 号仓库。

5）当颜色传感器输出信号时，3 号推气缸动作，将货物送到 3 号仓库。

6）当所有传感器都没有输出信号时，4 号推气缸动作，将货物送到 4 号仓库。

7）当传送带上没有货物时，运行一段时间后系统复位。

8）当推气缸动作时，传送带停止运行，直到气缸处于回位状态。

1. 输入/输出（I/O）点数分配

根据系统控制要求，进行输入/输出点数分配，见表 71-1 所示。

表 71-1　　　　　　　　　　　　输入/输出点数分配表

西门子 PLC（I/O）		分拣系统接口（I/O）	备　注
输入部分	I2.5	SFW1（推气缸 1 动作限位）	
	I0.1	SFW2（推气缸 2 动作限位）	

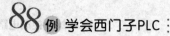

西门子 PLC（I/O）	分拣系统接口（I/O）	备 注
输入部分		
I0.2	SFW3（推气缸 3 动作限位）	
I0.3	SFW4（推气缸 4 动作限位）	
I0.4	SFW5（下料气缸动作限位）	
I0.5	SA（电感传感器）	
I0.6	SB（电容传感器）	
I0.7	SC（颜色 1 传感器）	
I1.0	SBW1（推气缸 1 回位限位）	
I1.1	SBW2（推气缸 2 回位限位）	
I1.2	SBW3（推气缸 3 回位限位）	
I1.3	SBW4（推气缸 4 回位限位）	
I1.4	SBW5（下料气缸回位限位）	
I1.5	SD（颜色 2 传感器）	预留传感器
I2.4	SN（下料传感器）	判断下料有无
输出部分		
Q0.0	YV1（推气缸 1 电磁阀）	
Q0.1	YV2（推气缸 2 电磁阀）	
Q0.2	YV3（推气缸 3 电磁阀）	
Q0.3	YV4（推气缸 4 电磁阀）	
Q0.4	YV5（下料气缸电磁阀）	
Q0.5	STF	
Q0.6	RH	
Q0.7	RM	

2. 画出接线图

根据表 71−1 所示的分配表，进行 PLC 及变频器主、控电路的连接。系统接线图如图 71−1 所示。

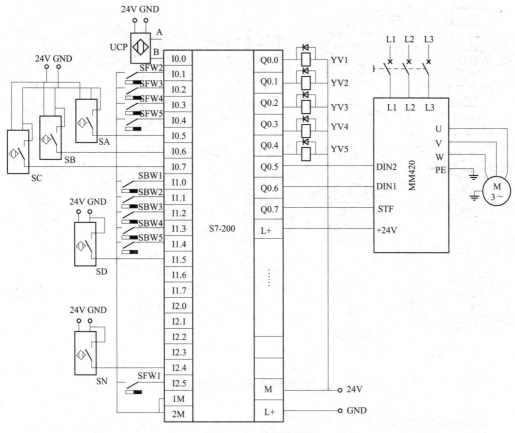

图 71-1　系统接线图

3. 编制程序

根据系统的要求，设计系统的流程图，如图 71-2 所示。

（1）当系统通电时，各个动作机构回到初始位置，各个气缸处于回位限位状态，传送带开始运行。

（2）当向出料塔中装载货料时，下料传感器 SN 输出信号，传送带停止运行，下料气缸 YV5 动作，将货物推到传送带上面。

（3）传送带动作，将货物送到传感器检测区，当电感传感器输出信号时，1 号推气缸动作，将货物送到 1 号仓库。

（4）当电容传感器输出信号时，2 号推气缸动作，将货物送到 2 号仓库。

（5）当颜色传感器输出信号时，3 号推气缸动作，将货物送到 3 号仓库。

（6）当所有传感器都没有输出信号时，4 号推气缸动作，将货物送到 4 号仓库。

（7）当传送带上没有货物时，运行一段时间后系统复位。

（8）当推气缸动作时，传送带停止运行，直到气缸处于回位状态。

使用 STEP7-Micro/Win32 编程软件编制程序，物料检测生产线控制系统 PLC 程序如图 71-3 所示。

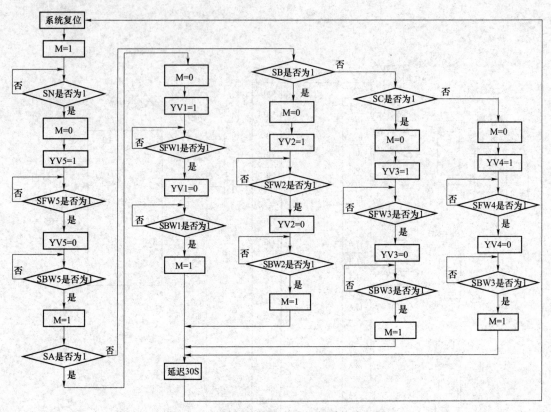

图 71-2　物料检测生产线控制系统流程图

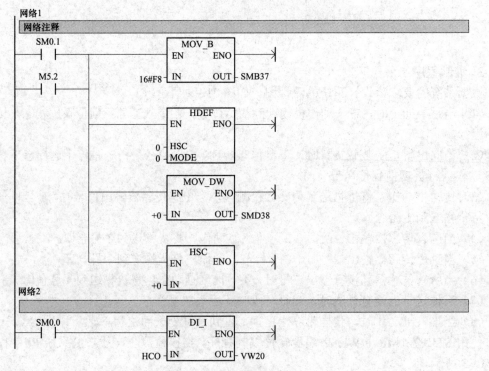

图 71-3　物料检测生产线控制系统 PLC 程序（一）

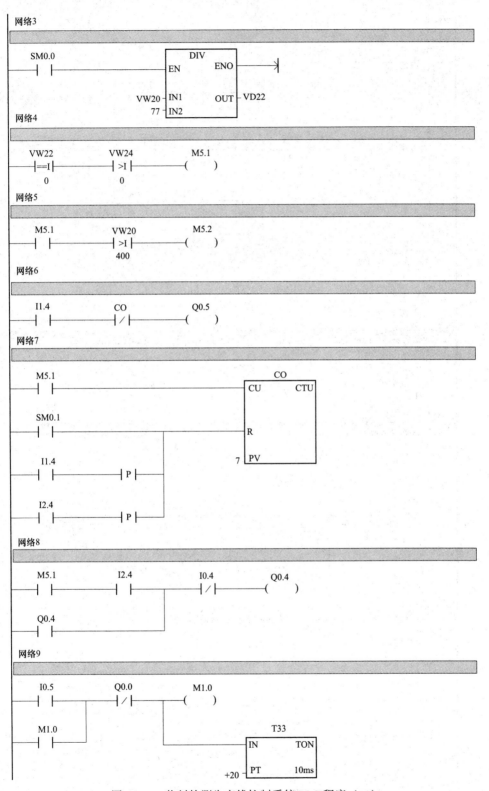

图 71-3 物料检测生产线控制系统 PLC 程序（二）

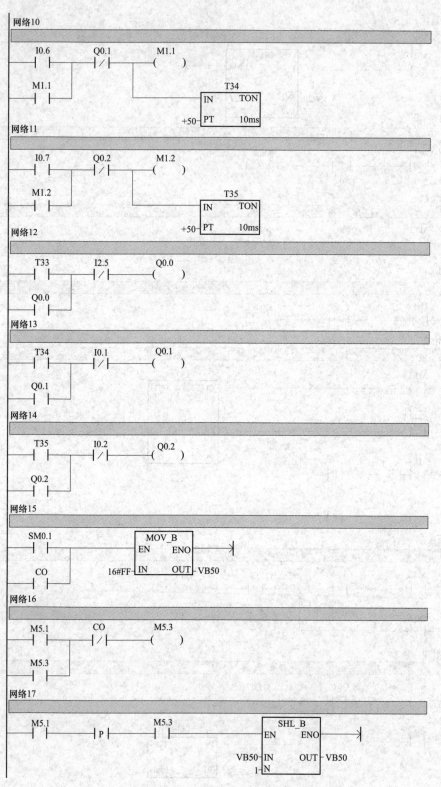

图 71-3 物料检测生产线控制系统 PLC 程序（三）

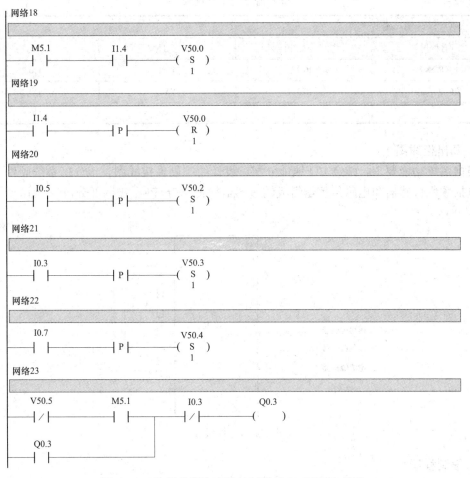

图 71-3　物料检测生产线控制系统 PLC 程序（四）

例 72　生产线物料区分系统

控制系统要求：

某车间有一物料检测生产线，控制系统采用 S7-200PLC 进行控制，要求对工件的材质进行区分，分拣出金属、塑料与黄色工件，并分类存储。（不考虑传送带问题）

具体控制要求如下：

1）当系统通电时，各个动作机构回到初始位置，各个气缸处于回位限位状态。

2）当货物送到传感器检测区，当电感传感器输出信号时，YV1 推气缸动作，将货物推送出传送带。

3）当颜色传感器输出信号时，YV2 推气缸动作，将货物推送出传送带。

4）当所有传感器都没有输出信号时，YV3 推气缸动作，将货物推送出传送带。

1. 输入/输出（I/O）点数分配

根据系统的控制要求，可以利用电感传感器和颜色传感器满足区分物料的要求。利用电磁阀驱动气缸执行分拣任务。输入/输出点数分配表见表 72-1。

表 72 - 1　　　　　　　　　　　　　输入/输出点数分配表

输　入		输　出	
名称	输入点	代号	输出点
电感传感器	I0.2	YV1	Q0.2
颜色传感器	I0.3	YV2	Q0.3
		YV3	Q0.5

2. 画出接线图

根据系统功能要求，结合 I/O 地址分配，设计绘制硬件接线图。该分拣系统硬件接线图主要包括颜色传感器和电感传感器组成的传感器检测部分、PLC 控制部分。接线图如图 72 - 1 所示。

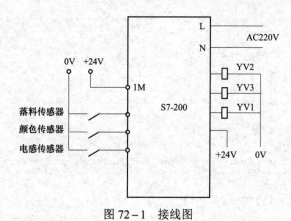

图 72 - 1　接线图

3. 编制程序

系统要能区分铁质和塑料，以及检测出黄色，所以需设有颜色传感器和电感传感器。在编制程序时可先检测材料的属性，然后再编制检测货物的颜色程序。使用 STEP7 - Micro/Win32 编程软件，生产线物料区分系统 PLC 程序如图 72 - 2 所示。

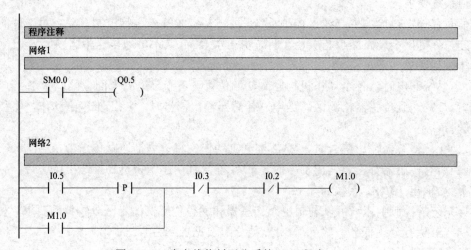

图 72 - 2　生产线物料区分系统 PLC 程序（一）

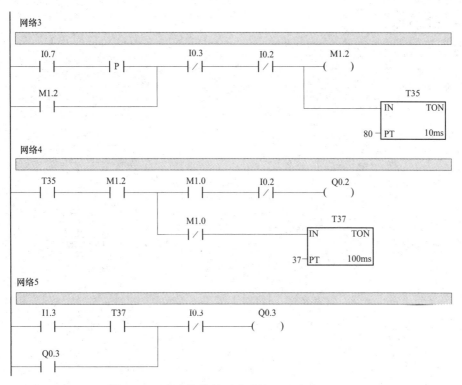

图 72-2 生产线物料区分系统 PLC 程序（二）

例 73 花式喷泉控制系统

具体要求：花式喷泉按照一定的顺序显示各种花式，用功能指令编写使程序更简洁，并可让喷泉按照要求显示各种花样。

一组喷泉由 8 只喷头组成，分别由 Q0.0～Q0.7 驱动（字元件 QB0），通过改变 QB0 中的数值，可以喷射出不同的花式。花式喷泉共有 5 种喷射花式，用 5 个子程序实现，循环调用子程序以显示不同花式。

1. 分配输入/输出（I/O）点数

输入/输出点数分配表见表 73-1。

表 73-1　　　　　　　　　　　输入/输出点数分配

输　入			输　出		
代号	功能	输入点	代号	功能	输出点
SA-1	选择花式 1	I0.0	YV1	喷泉电磁阀	Q0.0
SA-2	选择花式 2	I0.1	YV2	喷泉电磁阀	Q0.1
SA-3	选择花式 3	I0.2	YV3	喷泉电磁阀	Q0.2
SA-4	选择花式 4	I0.3	YV4	喷泉电磁阀	Q0.3
SA-5	选择花式 5	IO.4	YV5	喷泉电磁阀	Q0.4
			YV6	喷泉电磁阀	Q0.5
			YV7	喷泉电磁阀	Q0.6
			YV8	喷泉电磁阀	Q0.7

2. 画出接线图

接线图如图 73-1 所示。

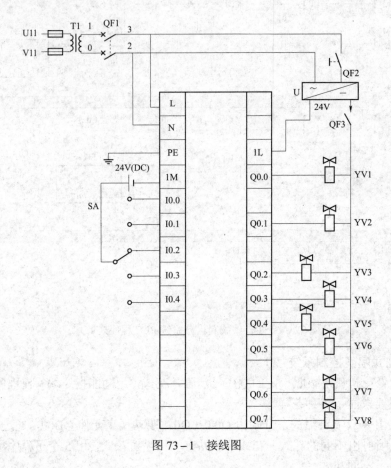

图 73-1 接线图

3. 编制程序

（1）程序结构。花式喷泉控制系统的 PLC 程序结构框图如图 73-2 所示。

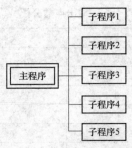

图 73-2 程序结构框图

（2）主程序。花式喷泉控制系统 PLC 主程序如图 73-3 所示。

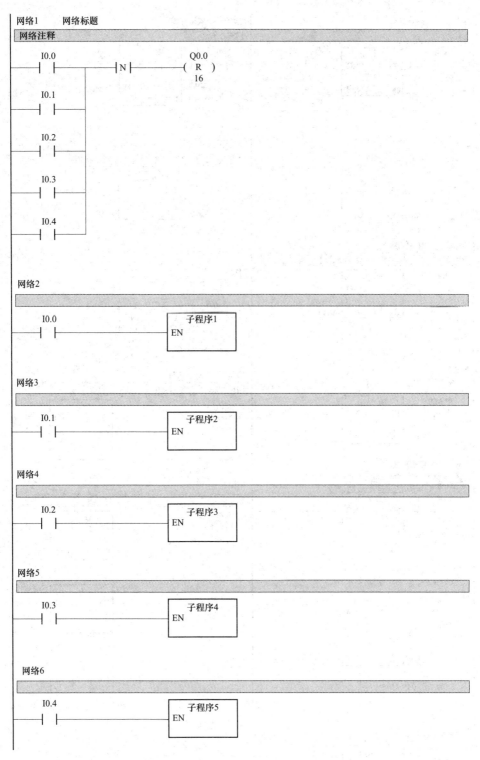

图 73-3　花式喷泉控制系统 PLC 主程序

（3）子程序设计。花式喷泉控制系统的 1～5 子程序如图 73-4 所示。

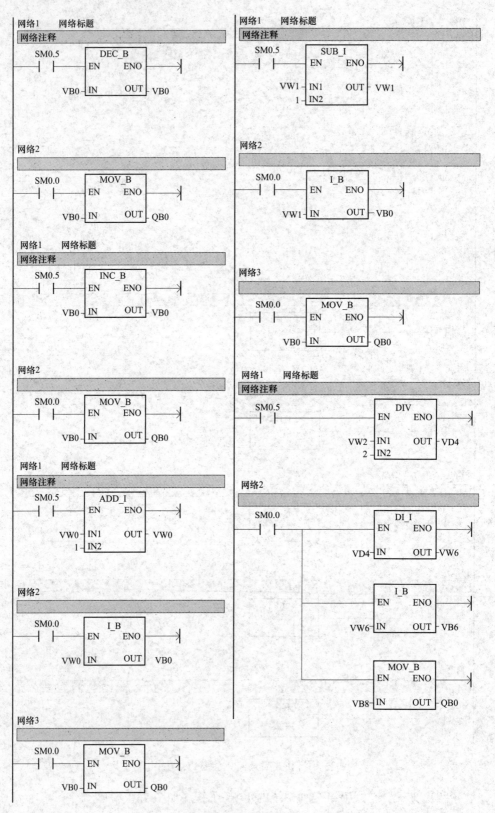

图 73-4 花式喷泉控制系统的 1～5 子程序

例 74 简易机械手控制系统

如图 74-1 所示为简易机械手控制系统，图中为一个将工件由 A 处传送到 B 处的机械手，上升/下降和左移/右移的执行用双线圈二位电磁阀推动气缸完成。当某个电磁阀线圈通电，就一直保持现有的机械动作，例如一旦下降的电磁阀线圈通电，机械手下降，即使线圈再断电，仍保持现有的下降动作状态，直到相反方向的线圈通电为止。另外，夹紧/放松由单线圈二位电磁阀推动气缸完成，线圈通电执行夹紧动作，线圈断电时执行放松动作。

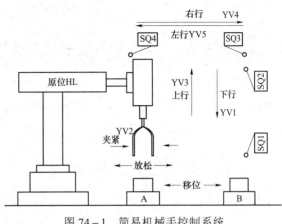

图 74-1　简易机械手控制系统

设备装有上、下限位和左、右限位开关，它的工作过程如图所示，有 8 个动作，即为：

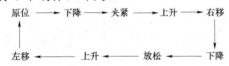

1. 分配输入/输出（I/O）点数

输入/输出点数分配表见表 74-1。

表 74-1　　　　　　　　　　输入/输出点数分配表

输　入			输　出		
名称	代号	输入点	名称	代号	输出点
启动按钮	SB1	I0.0	电磁阀1	YV1	Q0.0
限位开关1	SQ1	I0.1	电磁阀2	YV2	Q0.1
限位开关1	SQ2	I0.2	电磁阀3	YV3	Q0.2
限位开关1	SQ3	I0.3	电磁阀4	YV4	Q0.3
限位开关1	SQ4	I0.4	电磁阀5	YV5	Q0.4
停止按钮	SB2	I0.5	指示灯	HL	Q0.5

2. 接线图

接线图如图 74-2 所示。

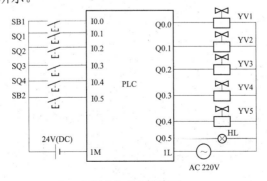

图 74-2　接线图

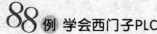

3. 编制程序

简易机械手控制系统的 PLC 程序如图 74-3 所示。

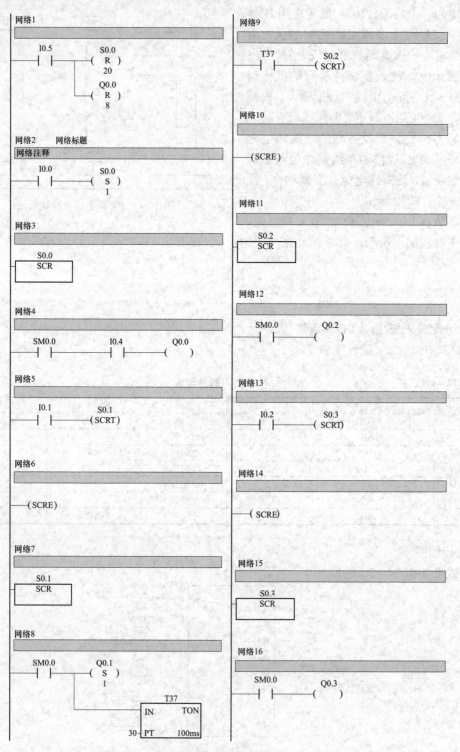

图 74-3 简易机械手控制系统的 PLC 程序（一）

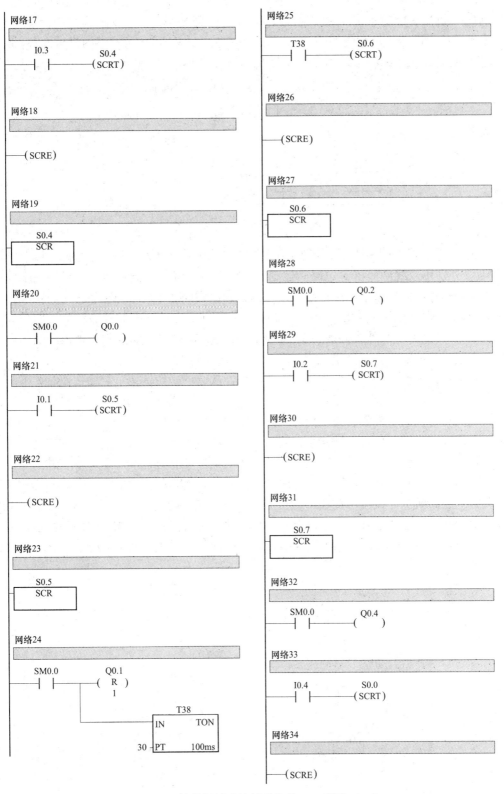

图74-3　简易机械手控制系统的 PLC 程序（二）

例 75 机械手控制系统

搬运机械手的动作示意图如图 75-1 所示，它是一个水平/垂直位移的机械设备，设计一个 PLC 控制系统，用来将工件由左工作台搬到右工作台。

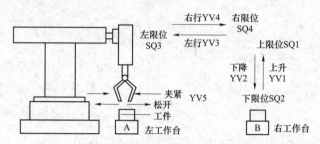

图 75-1 机械手动作示意图

机械手的全部动作均由气缸驱动，而气缸又由相应的电磁阀控制。其中，上升/下降和左移/右移分别由双线圈两位置电磁阀控制。例如，当下降电磁阀通电时，机械手下降；当下降电磁阀断电时，机械手下降停止。只有当上升电磁阀通电时，机械手才上升；当上升电磁阀断电时，机械手上升停止。同样，左移/右移分别由左移电磁阀和右移电磁阀控制。机械手的放松/夹紧由一个单线圈两位置电磁阀（称为夹紧电磁阀）控制。当该线圈通电时，机械手夹紧，该线圈断电时，机械手放松。

具体要求：机械手动作过程如图 75-2 所示，从原点开始，按下启动按钮时，下降电磁阀通电，机械手下降。下降到底时，碰到下限位开关，下降电磁阀断电，下降停止；同时接通夹紧电磁阀，机械手夹紧。夹紧后，上升电磁阀通电，机械手上升。上升到顶时，碰到上限位开关上升电磁阀断电，上升停止；同时接通右移电磁阀，机械手右移。右移到位时，碰到右限位开关，右移电磁阀断电，右移停止。若此时右工作台上无工件，则光电开关接通，下降电磁阀通电，机械手下降。下降到底时，碰到下限位开关，下降电磁阀断电，下降停止；同时夹紧电磁阀断电，机械手放松。放松后，上升电磁阀通电，机械手上升。上升到顶时，碰到上限位开关，上升电磁阀断电，上升停止；同时接通左移电磁阀，机械手左移。左移到原点时，碰到左限位开关，左移电磁阀断电，左移停止。至此，机械手经过 8 步动作完成了一个周期（下降—夹紧—上升—右行—下降—松开—上升—左行）。

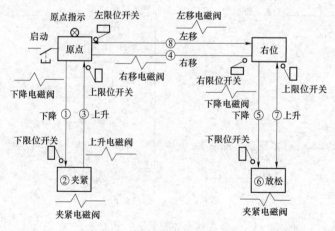

图 75-2 机械手动作过程

机械手的操作方式分为手动操作方式、回原位操作方式和自动操作方式，自动操作方式包括单步、单周期和连续运行。

（1）手动操作方式。用单个按钮的点动接通或切断各负载的模式。

（2）回原位方式。按"回原位"使机械手自动复归原位的模式。

（3）自动操作方式。

1）单步工作方式。每次按启动按钮，机械手前进一个工序。

2）单周期工作方式。在原点位置上，每次按启动按钮时，机械手进行一次循环的自动运行并在原位停止。

3）连续运行工作方式。在原点位置上，只要按启动按钮时，机械手的动作将自动地、连续不断地周期性循环。若按停止按钮，则继续动作至原位后停止。

1. 分配输入/输出（I/O）点数

输入/输出点数分配表见表 75 - 1。

表 75 - 1　　　　　　　　　　　　　　输入/输出点数分配表

输　　入			输　　出		
名称	代号	输入点	名称	代号	输出点
手动	SA	I0.0	上升电磁阀线圈	YV1	Q0.0
回原位	SA	I0.1	下降电磁阀线圈	YV2	Q0.1
单步	SA	I0.2	左行电磁阀线圈	YV3	Q0.2
单周期	SA	I0.3	右行电磁阀线圈	YV4	Q0.3
连续	SA	I0.4	夹紧、放松电磁阀线圈	YV5	Q0.4
回原位	SB1	I0.5			
自动启动按钮	SB2	I0.6			
停止按钮	SB3	I0.7			
上升按钮	SB4	I1.0			
下降按钮	SB5	I1.1			
左行按钮	SB6	I1.2			
右行按钮	SB7	I1.3			
夹紧按钮	SB8	I1.4			
松开按钮	SB9	I1.5			
上限位开关	SQ1	I1.6			
下限位开关	SQ2	I1.7			
左限位开关	SQ3	I2.0			
右限位开关	SQ4	I2.1			

2. 进行操作面板设计

操作面板设计如图 75 - 3 所示。

3. 画出接线图

接线图如图 75 - 4 所示。

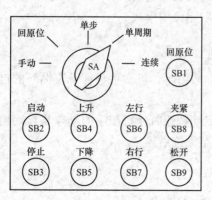

图75-3 操作面板设计

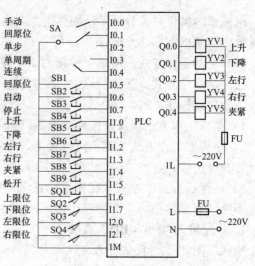

图75-4 接线图

4. 编制程序

手动和回原位工作方式用基本指令编写，自动工作方式用步进指令编写。

机械手控制系统的程序总体结构如图75-5所示，分为公用程序、自动程序、手动程序和回原位程序4部分。其中自动程序包括单步、单周期和连续运行的程序，由于它们的工作顺序相同，所以可将它们合编在一起。

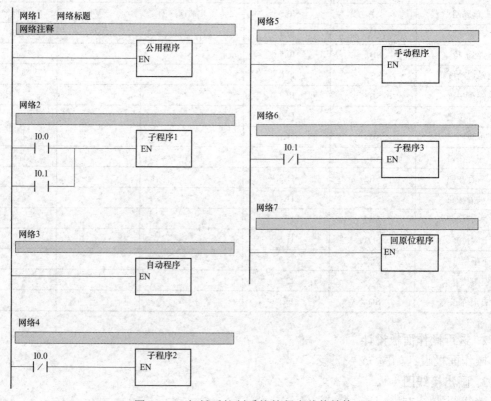

图75-5 机械手控制系统的程序总体结构

如果选择回原位工作方式，即 I0.0 为 OFF，I0.1 为 ON，同样只执行公用程序和回原位程序。如果选择"单步""单周期"或"连续"方式，则只执行公用程序和自动程序。

公用程序如图 75-6 所示，手动程序如图 75-7 所示，用 I1.0～I1.5 对应机械手的上下、左右移行和夹钳松紧的按钮。按下不同的按钮，机械手执行相应的动作。在左、右移行的程序中串联上限位开关的动合触点是为了避免机械手在较低位置移行时碰撞其他工件。为保证系统安全运行，程序之间还进行了必要的连锁。

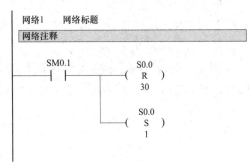

图 75-6　公用程序

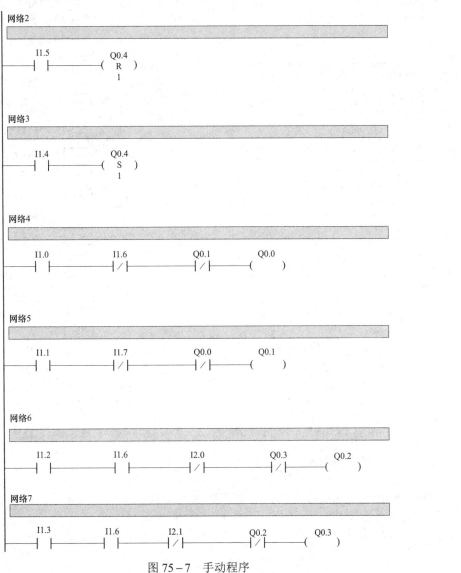

图 75-7　手动程序

回原位程序如图 75－8 所示，在选择开关处于"回原位"位置时，按下回原位按钮 SB1，M1 变为 ON，机械手松开并上升，当升到上限位，机械手左行，直到碰到左限位开关才停止，并且 M1.0 复位。

图 75－9 为机械手的自动连续运行状态转移图。图中特殊辅助继电器 SM0.1 仅在运行开始时接通。S0.0 为初始状态，对应回原位的程序。

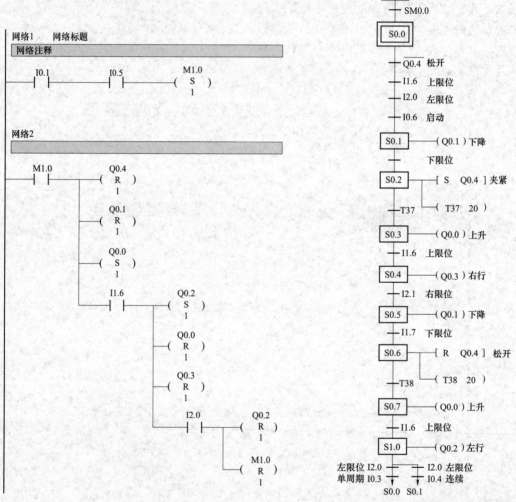

图 75－8　回原位程序　　　　　　图 75－9　机械手的自动连续运行状态转移图

机械手的自动连续运行状态 PLC 程序如图 75－10 所示。

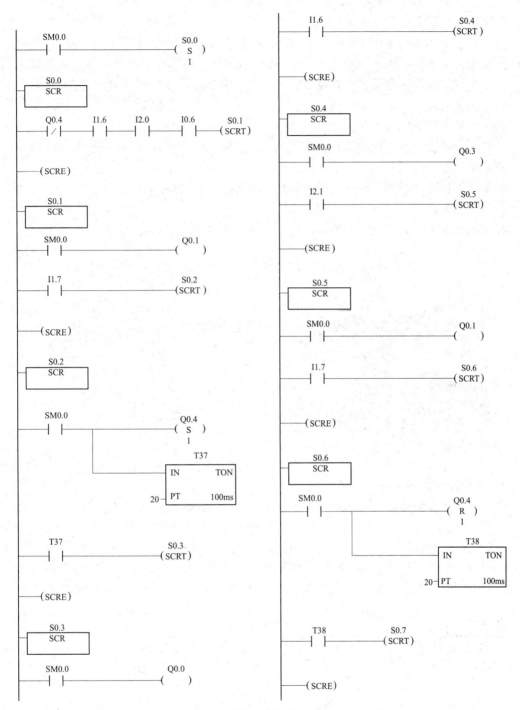

图 75－10　机械手自动连续运行状态 PLC 程序

例 76　四轴机械手控制系统

工业机械手是近几十年发展起来的一种高科技自动化生产设备，也是自动化生产中必不可少的重要设备。尤其是在危险场合，在严重威胁人们安全和健康的环境下，采用机械手代替人，具有十分重要的意义。机械手控制系统是一个将 PLC（可编程控制器）、位置控制、气动技术有机结合成一体的开放性控制设备。具有动作直观、功能较多的特点。通过传感器信号采集，PLC 编程，对步进电机、直流电机、电磁阀等器件进行较复杂的控制。本任务通过四轴机械手控制实例来具体讲解四轴机械手 PLC 控制相关知识。任务要求能够按照以下动作实现对机械手装置的控制。

（1）机械手机构横轴前升，机械手旋转到位，电磁阀动作，机械夹手张开。

（2）机械手机构竖轴下降，电磁阀复位，机械夹手夹紧，竖轴上升。

（3）横轴缩回，底盘旋转到位，横轴前升。

（4）机械手旋转，竖轴下降，电磁阀动作，机械夹手张开，竖轴上升复位。

机械手实体示意图如图 76-1 所示。

机械手本体按功能可分为二轴平移机构、旋转底盘、旋转手臂机构、气动夹手、支架、限位开关等部件。

按活动关节可分为 S 轴、L 轴、U 轴、T 轴等机构，其结构示意图如图 76-2 所示。

图 76-1 机械手实体示意图

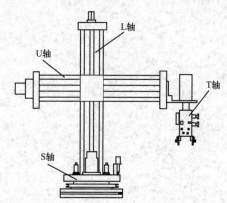

图 76-2 四轴机械手结构示意图

1. 分配输入/输出（I/O）点数

机械手系统的横轴和竖轴分别用步进电动机控制，机械抓手用一台直流电动机控制，底盘也是由一台直流电动机控制系统，夹手采用气动电磁阀来进行控制。各种限位保护的微动开关，接近开关的信号作为 PLC 输入，电动机和电磁阀等执行器作为 PLC 的输出。机械手在动作过程的原点判断及限位保护都采用微动开关来进行控制，机械手臂以及旋转底盘的原点判断及限位保护都采用接近开关进行检测。由此得到系统输入/输出点数分配表见表 76-1。

表 76-1　　　　　　　　　　　　　　　　输入/输出点数分配表

输　　入		输　　出	
名称	输入点	名称	输出点
选择码盘光电传感器	I0.0	水平轴电机脉冲信号	Q0.0
U 轴原点	I0.7	水平轴电机方向信号	Q0.2
U 轴限位	I0.2	垂直轴电机脉冲信号	Q0.1
L 轴原点	I0.1	垂直轴电机方向信号	Q0.3
L 轴限位	I0.3	底盘电机正转	Q1.0
S 轴原点接近开关	I1.0	底盘电机反转	Q1.1
S 轴限位接近开关	I1.1	手臂电机正转	Q1.2
T 轴原点接近开关	I1.2	手臂电机反转	Q1.3
T 轴限位接近开关	I1.3	电磁阀	Q1.4

2. 画出接线图

系统接线图如图76-3所示。

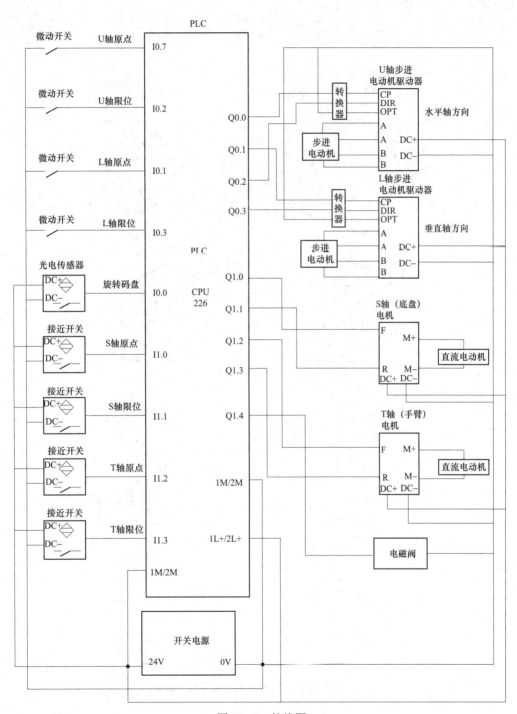

图76-3 接线图

3. 编制程序

机械手的基本功能是用于进行货物的搬运码垛工作，一般工作的流程图如图76-4所示，参考PLC程序如图76-5所示。

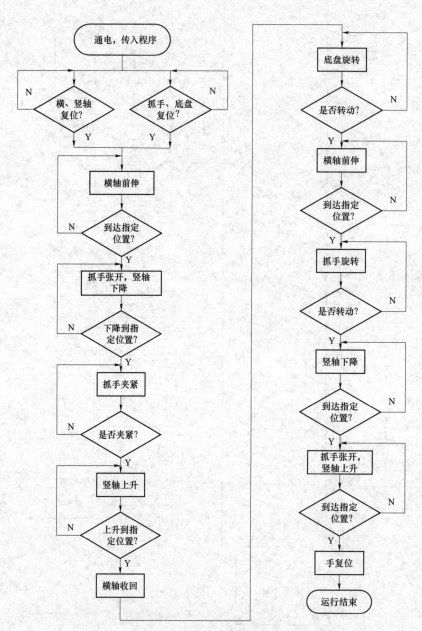

图76-4　四轴机械手控制系统程序设计流程图

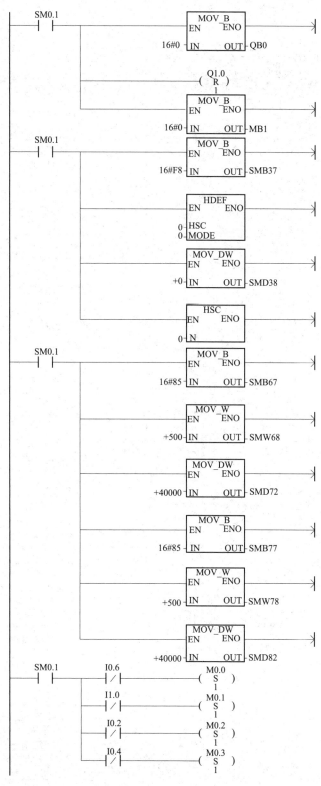

图 76−5 四轴机械手控制系统参考 PLC 程序（一）

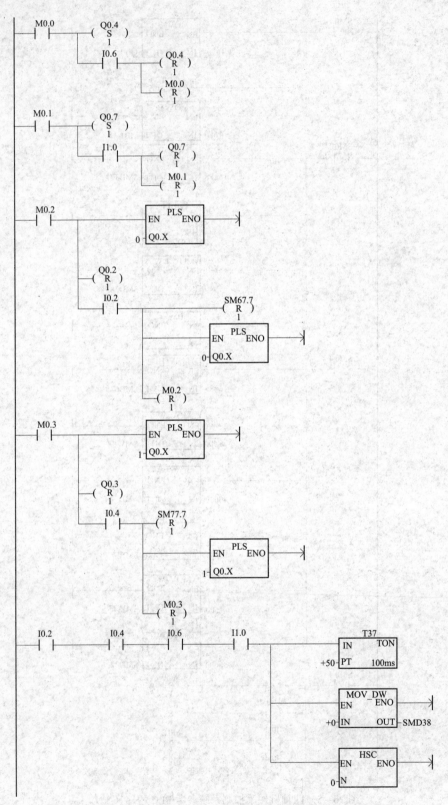

图 76-5 四轴机械手控制系统参考 PLC 程序（二）

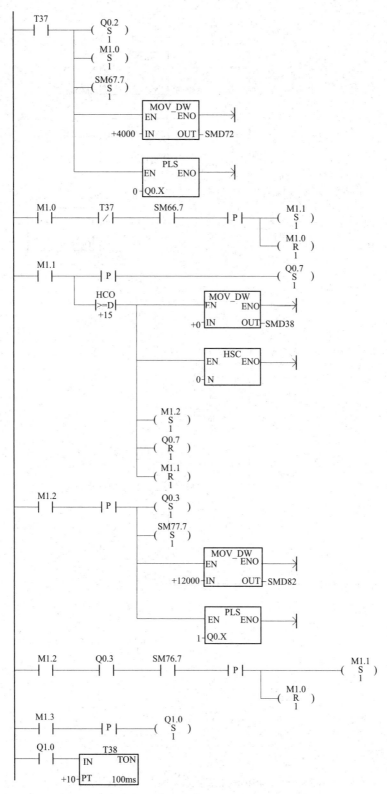

图 76-5 四轴机械手控制系统参考 PLC 程序（三）

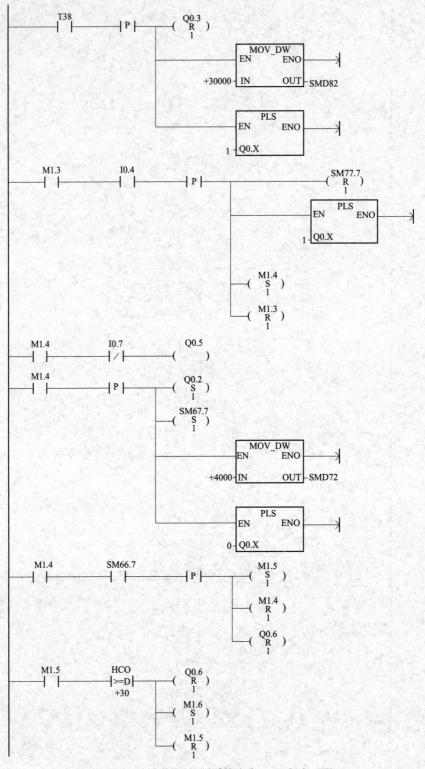

图 76-5　四轴机械手控制系统参考 PLC 程序（四）

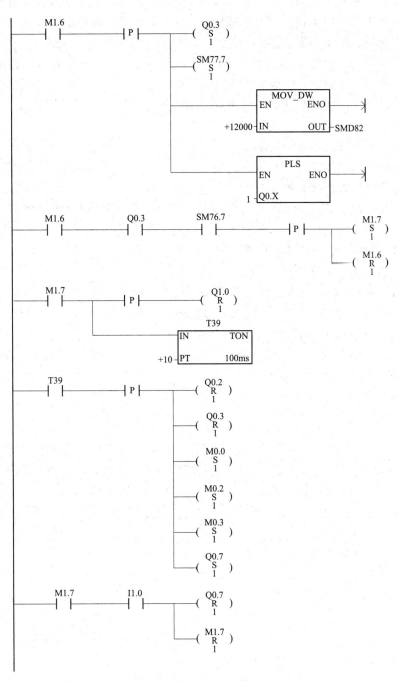

图 76－5　四轴机械手控制系统参考 PLC 程序（五）

例⑰ 用 PLC 改造全自动洗衣机控制系统 ▬▬▬▬▬▬▬

全自动工业洗衣机主要通过机械开关或芯片来控制洗衣机按预定动作进行洗涤。洗衣机的进水和出水由进水电磁阀和出水电磁阀控制。进水时，洗衣机将水注入外桶；排水时，将水从外桶排出机外。外桶（固定，用于盛水）和内桶（可旋转，用于脱水）安装在同一轴心。

洗涤和脱水由同一台电动机拖动，通过脱水电磁离合器控制，将动力传递到洗涤波轮或内桶。脱水电磁离合器失电，电动机拖动洗涤波轮实现正反转，开始洗涤；脱水电磁离合器得电，电动机拖动内桶单向高速旋转，进行脱水（此时波轮处于自由状态）。

具体要求：

（1）进水、排水均由电磁阀控制；

（2）低水位和高水位各有一个水位开关；

（3）洗衣程序结束后要有报警功能，并能自动停机。

（4）按下启动按钮 SB1（I0.0）后，进水电磁阀 KA1（Q0.0 为 ON）打开开始进水，达到高水位（高水位开关动作闭合）时停止进水，进入洗涤状态。

（5）洗涤时内桶正转（脱水电磁离合器失电状态）洗涤 15s 暂停 3s，再反转洗涤 15s 暂停 3s，又正转洗涤 15s 暂停 3s……如此反复 30 次。

（6）洗涤结束后，排水电磁阀 KA2（Q0.3 为 ON）打开，进入排水状态。当水位下降到低水位时（低水位开关 I0.2 断开），进入脱水状态（脱水电磁离合器断开，同时仍然处于排水状态），脱水时间为 10s 这样完成从进水到脱水的一个大循环。

（7）经过 3 次上述大循环后，洗衣机自动报警（KA4 输出得电），报警 10s 后，自动停机。

1. 分配输入/输出（I/O）点数

输入/输出点数分配表见表 77-1。

表 77-1   输入/输出点数分配表

输 入			输 出		
代号	功能	输入点	代号	功能	输出点
SB1	启动按钮	I0.0	KA1	进水电磁阀控制	Q0.0
SQ1	高水位开关	I0.1	KM1	电动机正转控制	Q0.1
SQ2	低水位开关	I0.2	KM2	电动机反转控制	Q0.2
			KA2	排水电磁阀控制	Q0.3
			KA3	脱水电磁离合器控制	Q0.4
			KA4	报警蜂鸣器控制	Q0.5

2. 画出接线图

接线图如图 77-1 所示。

3. 编写程序

（1）画出流程图。根据控制要求，将洗衣机的工作过程分解成 9 个工序（过程），全自动洗衣机控制系统的程序设计流程图如图 77-2 所示。

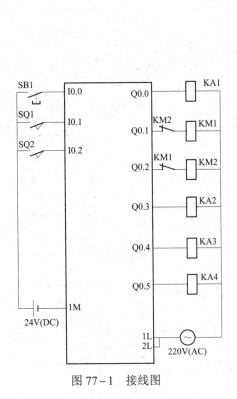

图 77－1　接线图

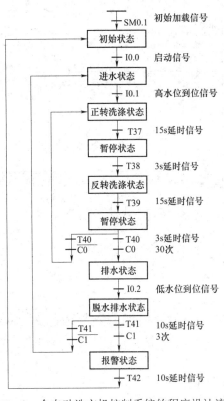

图 77－2　全自动洗衣机控制系统的程序设计流程图

（2）全自动洗衣机控制系统的参考 PLC 程序如图 77－3 所示。

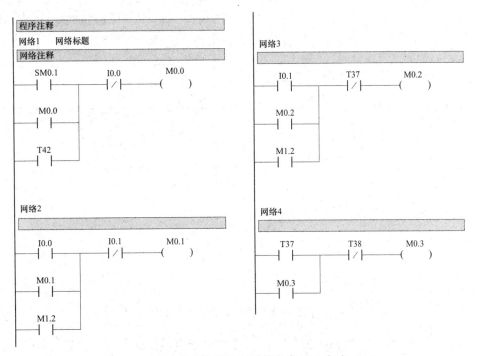

图 77－3　全自动洗衣机控制系统参考 PLC 程序（一）

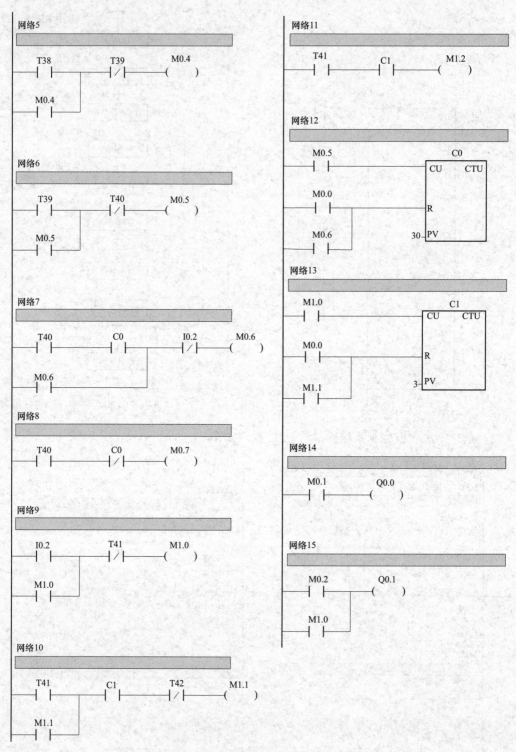

图 77-3　全自动洗衣机控制系统参考 PLC 程序（二）

　　图中用 M0.0～M0.7，M1.0～M1.2 共 11 个辅助继电器使洗衣机分别进入对应的状态，其各自的作用见表 77-2。

表 77－2　　　　　　　　　　基本指令梯形图中内部继电器的作用

内部继电器	功　能	内部继电器	功　能
M0.0	步进初始过程，且复位计数器 C100，C101	M0.5	处于反转暂停过程
		M0.6	进入排水过程
M0.1	处于进水过程	M0.7	重返正转洗涤柜橱触发信号
M0.2	进入正转洗涤过程	M1.0	处于脱水排水过程
M0.3	处于正转暂停过程	M1.1	进入报警过程
M0.4	进入反转洗涤过程	M1.2	重返进水过程触发信号

计数器 C0 对 M0.5（反转暂停次数），计数满 30 次后，进入排水过程（M0.6 为 ON），且将计数器 C0 复位。否则重返正转洗涤过程。

计数器 C1 对 M1.0（脱水排水次数）计数，计满 3 次后，进入报警过程（M1.1 为 ON），且将计数器 C1 复位。否则重返进水过程。报警过程结束后，自动进入初始过程（M0.0 为 ON），等待再次启动。

例 78　用 PLC 控制恒压供水系统

1. 输入/输出（I/O）点数分配

根据系统控制要求可知，共需开关量输入点 6 个、开关量输出量 12 个；模拟量输出点 1 个、模拟量输出点 1 个。输入/输出点数分配表见表 78－1 所示。

表 78－1　　　　　　　　　　输入/输出点数分配表

名称	输入点	名称	输出点
火灾信号 SA1	I0.0	1#泵工频运行接触器及指示灯 KM1、HL1	Q0.0
水池水位下限信号 SLL	I0.1	1#泵变频运行接触器及指示灯 KM2、HL2	Q0.1
水池水位上限信号 SLH	I0.2	2#泵工频运行接触器及指示灯 KM3、HL3	Q0.2
变频器报警信号 SU	I0.3	2#泵变频运行接触器及指示灯 KM4、HL4	Q0.3
消铃按钮 SB9	I0.4	3#泵工频运行接触器及指示灯 KM5、HL5	Q0.4
试灯按钮 SB10	I0.5	3#泵变频运行接触器及指示灯 KM6、HL6	Q0.5
远程压力表模拟电压值 U_p	AIW0	生活消防供水转换电磁阀 YV2	Q1.0
		水池水位下限报警指示灯 HL7	Q1.1
		变频器故障报警指示灯 HL8	Q1.2
		火灾报警指示灯 HL9	Q1.3
		报警电铃 HA	Q1.4
		变频器频率复位控制 KA	Q1.5
		控制变频器频率用电压信号 Uf	AQW

2. 系统电气原理图

（1）主电路图。变频恒压供水控制系统主电路如图 78－1 所示。3 台电机分别为 M1、M2、M3。接触器 KM1、KM3、KM5 分别控制 M1、M2、M3 的工频运行；接触器 KM2、KM4、KM6 分别控制 M1、M2、M3 的变频运行；FR1、FR2、FR3 分别为 3 台水泵电机超载保护用的热继电器；QS1、QS2、QS3、QS4 分别为变频器和 3 台泵电机主电路的隔离开关；FU1 为主电路的熔断器。

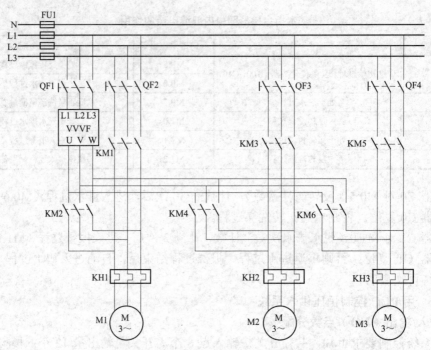

图 78-1 变频恒压供水控制系统主电路

（2）控制电路图。变频恒压供水控制系统控制电路如图 78-2 所示。图中 SA 为手动/自动转换开关，SA 打在 1 的位置为手动控制状态，打在 2 的状态为自动控制状态。手动运行时，可用按钮 SB1～SB8 控制 3 台泵的启/停和电磁阀 YV2 的通/断；自动运行时，系统在 PLC 程控下运行。图中的 HL10 为自动运行状态电源指示等。

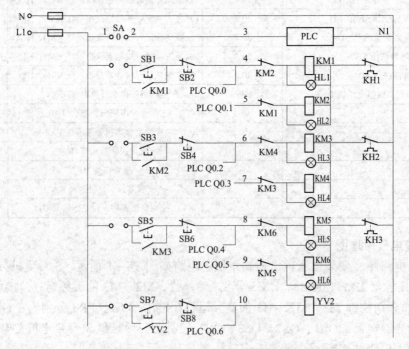

图 78-2 变频恒压供水控制系统控制电路

（3）PLC 及扩展模块外围接线图。PLC 及扩展模块外围接线图如图 78-3 所示。火灾时，火灾信号 SA1 被触动，I0.0 为 1。水位上、下限信号分别为 I0.1、I0.2，它们在水淹没时为 0，露出时为 1。

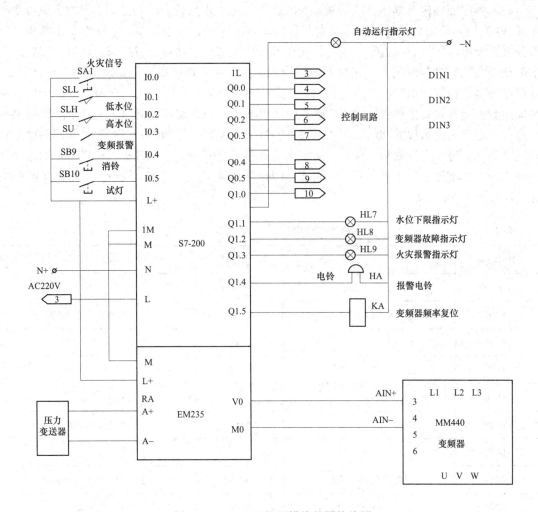

图 78-3　PLC 及扩展模块外围接线图

3. 编制程序

（1）由恒压要求出发的工作泵组数量管理。为了稳定水压，在水压降落时要升高变频器的输出频率，且在 1 台泵工作不能满足恒压要求时，需启动第 2 台泵或第 3 台泵。判断需启动新泵的标准是变频器的输出频率是否达到设定的上限值，这一功能可通过比较指令实现。为了判断变频器工作频率达上限值的确实性，应滤去偶然的频率波动引起的频率达到上限情况，在程序中考虑采取时间滤波。

（2）多泵组泵站泵组管理规范。由于变频器泵站希望每一次启动电动机均为软启动，又规定各台水泵必须交替使用，多泵组泵站的投运要有个管理规范。在本例中，控制要求中规定任一台泵连续变频运行不得超过 3h，因此每次需启动新泵或切换变频泵时，以新运行泵为变频泵是合理的。具体操作时将现行的变频泵从变频器上切除，并接上工频电源运行，将变频器复位并用于新运行泵的启动。除此之外，泵组管理还有一个问题，就是泵的工作循环控制，本任务中使用泵号加 1 的方法实现变频泵的循环控制（3 再加 1 等于 0），用于频泵的总数结合泵号实现工频泵的轮换工作。

（3）程序的结构及程序功能的实现。PLC 在恒压供水系统中的功能较多，由于模拟量单元及 PID 调节都需要编制初始化及中断程序，本程序可分为主程序、子程序和中断程序 3 部分。系统初始化的一些工作放在初始化子程序中完成，这样可节省扫描时间。利用定时器中断功能实现 PID 控制的定时采样及输出控制。主程序的功能最多，如泵切换信号的生成、泵组接触器逻辑控制信号的综合及报警处理等都在主程序。生活及消防双恒压的两个恒压值是采用数字元方式直接在程序中设定的。生活供水时系统设定值为满量程的 70%，消防供水时系统设定值为满量程的 90%。在本系统 PID 中，只是用了比例和积分控制，其回路增益和时间常数可通过工程计算初步确定，但还需要调整以达到最优控制效果。初步确定的增益和时间常数为：增益 $K_e = 0.25$；采样时间 $t_s = 0.2s$；积分时间 $t_i = 30min$。程序中使用的 PLC 组件及功能见表 78-2 所示。

表 78-2　　　　　　　　　　　程序中使用的 PLC 组件及功能

器件地址	功　能	器件地址	功　能
VD100	过程变量标准化值	T38	工频泵减泵滤波时间控制
VD104	压力给定值	T39	工频/变频转换逻辑控制
VD108	PI 计算值	M0.0	故障结束脉冲信号
VD112	比例系数	M0.1	泵变频启动脉冲
VD116	采样时间	M0.2	减泵中间继电器
VD120	积分时间	M0.3	倒泵变频启动脉冲
VD124	微分时间	M0.4	复位当前变频运行脉冲
VD204	变频运行频率下限值	M0.5	当前泵工频运行启动脉冲
VD208	生活供水变频运行频率上限值	M0.6	新泵变频启动脉冲
VD212	消防供水变频运行频率上限值	M2.0	泵工频/变频转换逻辑控制
VD250	PI 调节结果存储单元	M2.1	泵工频/变频转换逻辑控制
VD300	变频工作泵的泵号	M2.2	泵工频/变频转换逻辑控制
VD301	工频运行泵的总台数	M3.0	故障信号汇总
VD310	到泵时间内存	M3.1	水池水位下限故障逻辑
T33	工频/变频转换逻辑控制	M3.2	水池水位下限故障消铃逻辑
T34	工频/变频转换逻辑控制	M3.3	变频器故障消铃逻辑
T37	工频泵增泵滤波时间控制	M3.4	火灾消铃逻辑

（4）主程序。变频恒压供水控制系统 PLC 主程序如图 78-4 所示。

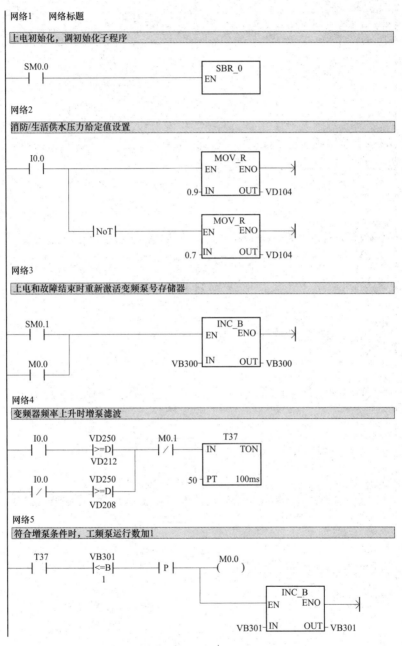

图 78-4　变频恒压供水控制系统 PLC 主程序（一）

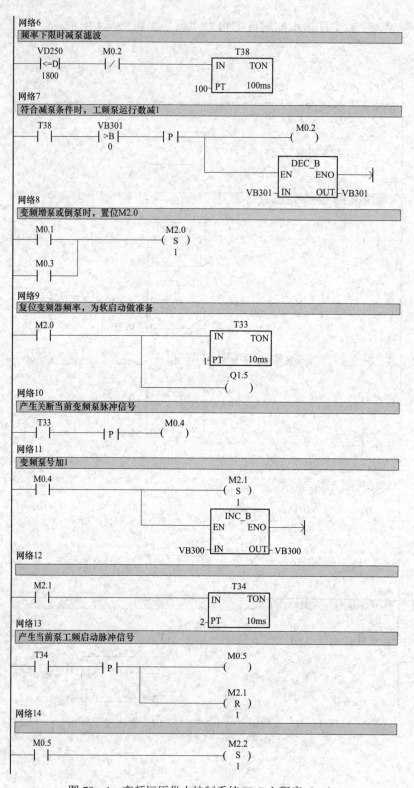

图 78-4 变频恒压供水控制系统 PLC 主程序（二）

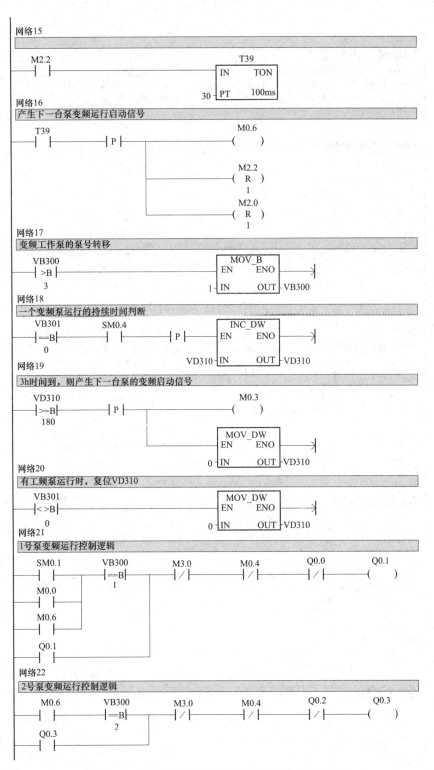

图 78－4　变频恒压供水控制系统 PLC 主程序（三）

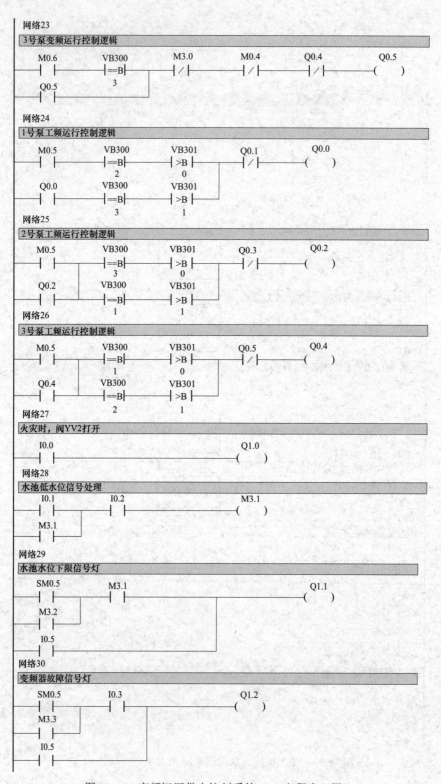

图 78-4 变频恒压供水控制系统 PLC 主程序（四）

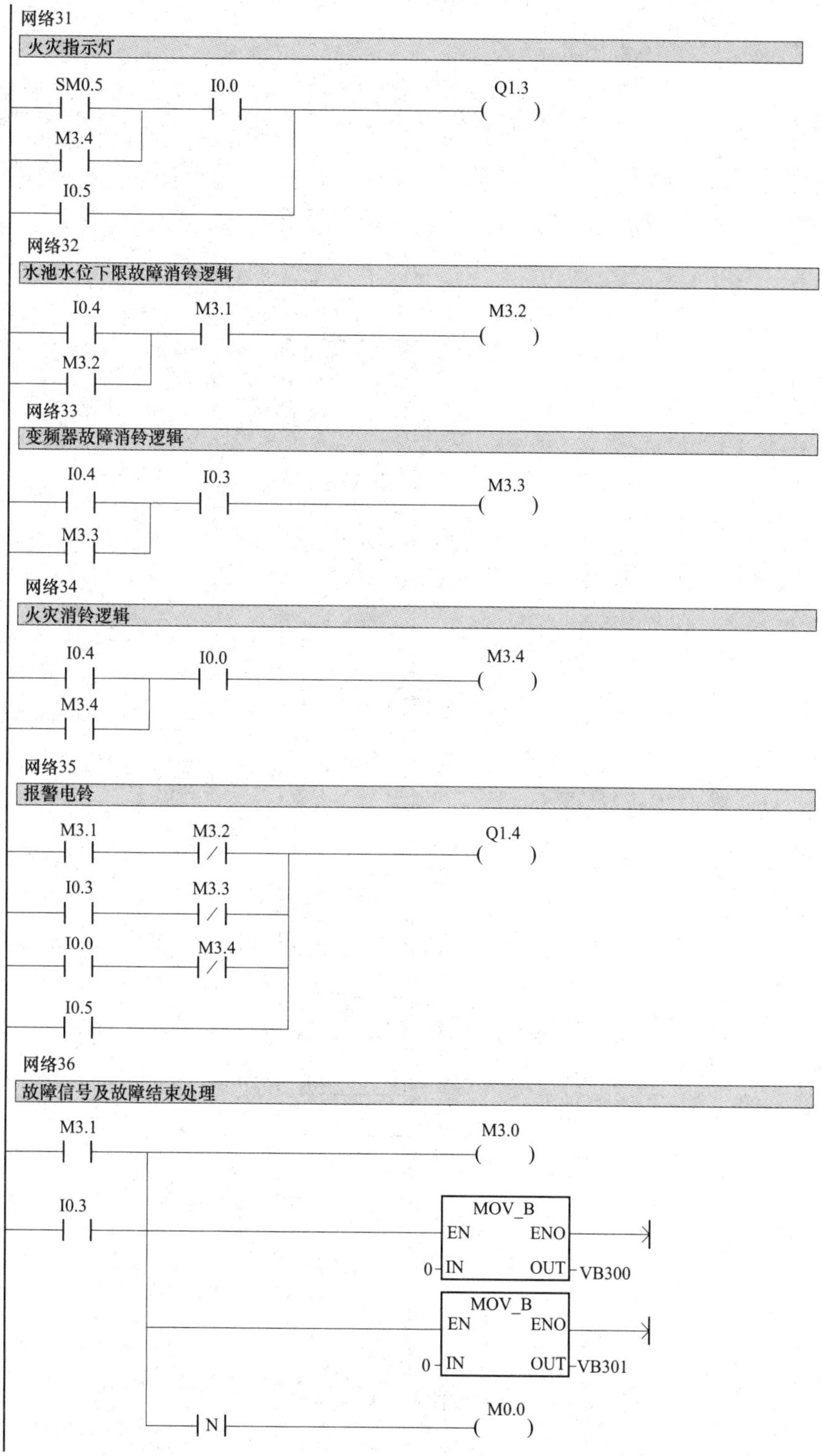

网络31

火灾指示灯

```
  SM0.5        I0.0                    Q1.3
───┤├────────┬──┤├──────────────────────(   )
   M3.4      │
───┤├────────┤
   I0.5      │
───┤├────────┘
```

网络32

水池水位下限故障消铃逻辑

```
   I0.4       M3.1                    M3.2
───┤├────┬────┤├──────────────────────(   )
   M3.2  │
───┤├────┘
```

网络33

变频器故障消铃逻辑

```
   I0.4       I0.3                    M3.3
───┤├────┬────┤├──────────────────────(   )
   M3.3  │
───┤├────┘
```

网络34

火灾消铃逻辑

```
   I0.4       I0.0                    M3.4
───┤├────┬────┤├──────────────────────(   )
   M3.4  │
───┤├────┘
```

网络35

报警电铃

```
   M3.1       M3.2                    Q1.4
───┤├─────────┤/├────┬─────────────────(   )
   I0.3       M3.3   │
───┤├─────────┤/├────┤
   I0.0       M3.4   │
───┤├─────────┤/├────┤
   I0.5               │
───┤├────────────────┘
```

网络36

故障信号及故障结束处理

```
   M3.1                              M3.0
───┤├────┬───────────────────────────(   )
         │
   I0.3  │          ┌───MOV_B────┐
───┤├────┤          │EN      ENO ├──┤│
         │          │            │
         │        0─┤IN      OUT ├─VB300
         │          └────────────┘
         │          ┌───MOV_B────┐
         ├──────────┤EN      ENO ├──┤│
         │          │            │
         │        0─┤IN      OUT ├─VB301
         │          └────────────┘
         │                        M0.0
         └──┤N├───────────────────(   )
```

图 78-4　变频恒压供水控制系统 PLC 主程序（五）

（5）SBR_0程序。PLC控制子程序（SBR_0）如图78-5所示。

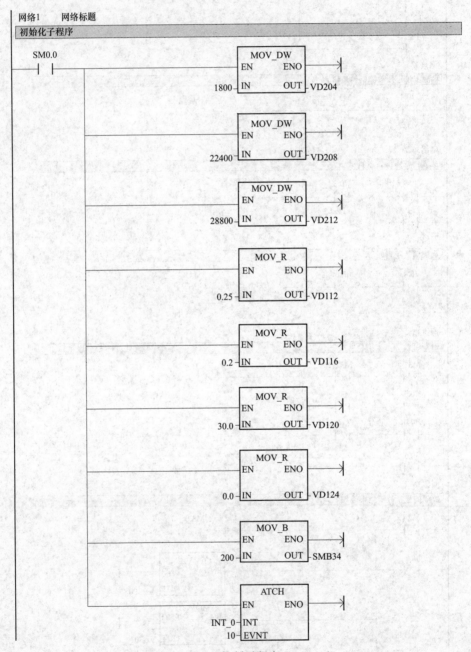

图 78-5 PLC 控制子程序（SBR_0）

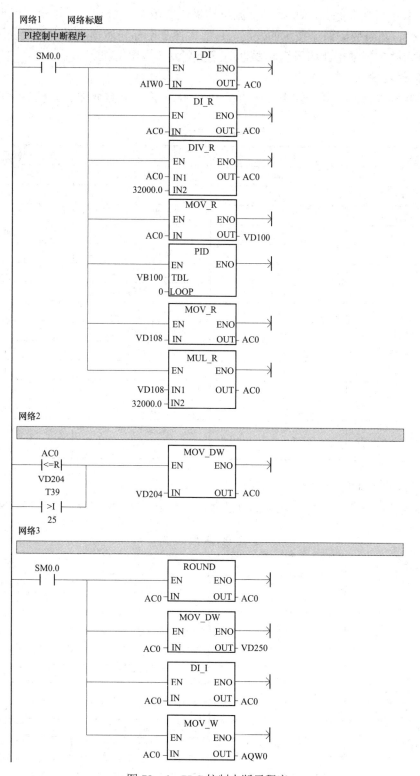

（6）PLC 控制中断子程序。PLC 控制中断子程序如图 78-6 所示。

图 78-6　PLC 控制中断子程序

例 79 电梯升降控制系统

电梯轿厢曳引拖动系统一般采用直流电动机或交流电动机拖动，由于直流调试技术复杂，维护不便，随着变频调速技术的发展，目前大部分电梯轿厢拖动系统已经采用交流电动机调速系统，本装置采用西门子变频器拖动三相交流异步电动机。

1. 分配输入/输出（I/O）点数

根据控制要求，四层升降式电梯曳引机 PLC 输入/输出点数分配表见表 79-1。

表 79-1 　　　　　　　　　　　　　　　输入/输出点数分配表

名称	输入地址	名称	输出地址
上基准位限位	I0.0	电梯下行驱动	Q0.0
一层外呼上	I0.1	PWM 输出	Q0.1
一层外呼下	I0.2	电梯上行驱动	Q0.2
二层外呼上	I0.3	电梯下行指示	Q0.3
二层外呼下	I0.4	电梯上行指示	Q0.4
三层外呼上	I0.5	一层内呼指示	Q0.5
三层外呼下	I0.6	二层内呼指示	Q0.6
四层外呼上	I0.7	三层内呼指示	Q0.7
四层外呼下	I1.1	四层内呼指示	Q1.0
下基准位限位	I1.6	一层上指示	Q1.1
下极限位	I1.7	二层上指示	Q1.2
上极限位	I3.7	二层下指示	Q1.3
		三层上指示	Q1.4
		三层下指示	Q1.5
		四层下指示	Q1.6

2. 变频器参数设定

为了使电梯准确平层，增加电梯的舒适感，变频器具体运行参数设定见表 79-2。

表 79-2 　　　　　　　　　　　　　　　变 频 器 参 数 设 定

名称	参数	名称	参数
P01	00.5	P13	000
P02	00.5	P14	00
P03	FF	P15	75.0
P04	0	P16	50.0
P05	05	P17	1
P06	2	P18	1
P07	2.4	P19	0
P08	3	P20	0
P09	0	P21	0
P10	0	P22	1
P11	0	P23	01
P12	00.5	P24	01.0

3. 编制程序

（1）电梯轿厢运行方向控制。

电梯轿厢运行方向显示控制程序如图 79-1 所示。电梯轿厢运行趋势确定后，只要有任何内呼梯信号或外呼梯信号，电梯运行方向就应该显示出来，以提供给乘坐电梯的乘客。

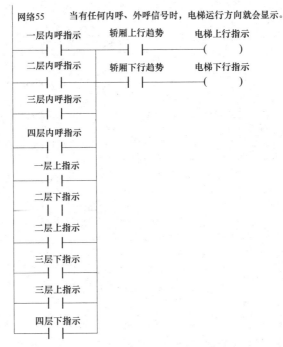

图 79-1　电梯轿厢运行方向显示控制程序

电梯的运行方向确定后，如果电梯轿厢门关闭，那么电梯轿厢就可以在电梯井道里上下运行。运行方向的控制程序如图 79-2 和图 79-3 所示。电梯轿厢在电梯井道里运行期间，上行如果碰到上基准开关或上极限位保护开关，下行如果碰到下基准开关或下极限位保护开关，或者电梯轿厢开门，均应该停止运行。

```
网络56    电梯轿厢向上运行驱动程序。
 开门驱动      关门限位开关    电梯下行驱动    电梯上行指示    电梯上行驱动
──┤/├──────┤├──────┤/├──────┤├────────( S )
                                                    1
```

图 79-2　运行方向控制程序 1

```
网络58    电梯轿厢向下运行驱动程序。
 开门驱动      关门限位开门    电梯上行指示    电梯下行指示    电梯下行驱动
──┤/├──────┤├──────┤/├──────┤├────────( S )
                                                    1
```

图 79-3　运行方向控制程序 2

（2）变频器运行频率设置。在电梯运行前需设置变频器的运行频率，程序如图79-4所示。

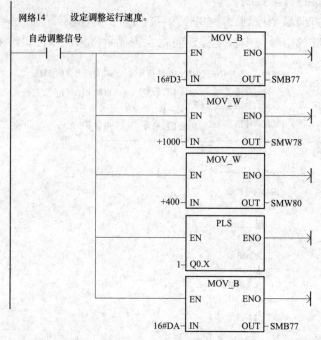

图79-4　设置变频器的运行频率

（3）电梯轿厢加、减速控制程序。电梯轿厢的运行是采用 PLC 输出 PWM 波形，输出到变频器，变频器根据 PWM 波形折合的给定直流电压值，输出对应频率的交流电压，进而控制交流电动机的转速。

PWM 控制设定程序如图79-5所示，电梯轿厢加速控制程序如图79-6所示。

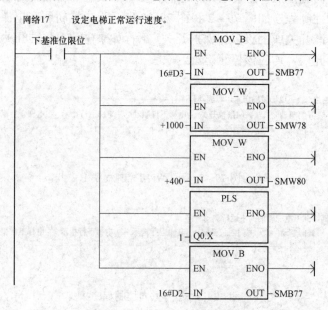

图79-5　PWM 控制设定程序

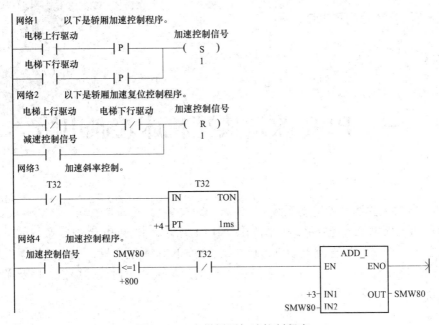

网络1　　以下是轿厢加速控制程序。

网络2　　以下是轿厢加速复位控制程序。

网络3　　加速斜率控制。

网络4　　加速控制程序。

图79-6　电梯轿厢加速控制程序

三、PLC改造典型机床控制电路

例80 自动化立体仓库控制系统

立体仓库堆垛机电气控制系统框图如图80-1所示。构成PLC控制系统的主要电气硬件有控制立体仓库 Z 轴的直流电动机、控制 X、Y 轴的步进电动机，以及供给系统能源的直流开关电源。还有各种传感器，例如系统中采用的反射式和对射式传感器，以及微动开关用来完成货物的检测和限位保护等。

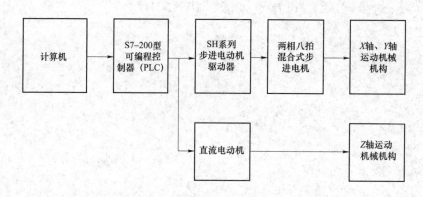

图80-1 立体仓库堆垛机电气控制系统框图

1. 分配输入/输出（I/O）点数

自动化堆垛机PLC控制系统输入/输出点数分配表见表80-1。

表80-1 输入/输出点数分配表

输 入	功 能	输 出	功 能
I0.0	矩阵扫描第1列	Q0.0	平移电机脉冲信号
I0.1	矩阵扫描第2列	Q0.1	升降电机脉冲信号
I0.2	矩阵扫描第3列	Q0.2	平移电机方向信号
I0.3	矩阵扫描第4列	Q0.3	升降电机方向信号
I0.4	矩阵扫描第5列	Q0.4	矩阵扫描第1行
I0.5	矩阵扫描第6列	Q0.5	矩阵扫描第2行
I0.6	矩阵扫描第7列	Q0.6	矩阵扫描第3行

输　入	功　　能	输　出	功　　能
I0.7	矩阵扫描第 8 列	Q0.7	矩阵扫描第 4 行
I1.0	Z 轴原点	Q1.0	
I1.1	Z 轴限位	Q1.1	送货台前伸
I1.2	检测送货台上是否有货物	Q1.2	送货台回缩
I1.3	手动控制开关	Q1.3	
I1.4	X 轴限位	Q1.4	数码显示区第 0 位
I1.5	X 轴原点	Q1.5	数码显示区第 1 位
I1.6	Y 轴限位	Q1.6	数码显示区第 2 位
I1.7	Y 轴原点	Q1.7	数码显示区第 3 位

2. 画出接线图

自动化堆垛机 PLC 控制系统接线图如图 80-2 所示。

3. 系统工作流程设计

系统流程框图如图 80-3 所示,其工作流程是:将功能开关置于自动位置,系统上电后进行自检。当按下启动按钮后,允许进行立体仓库运行的控制。在正常的情况下,按下某一仓位的按钮和"取"或"送"按钮,系统将进行相应的动作,此时控制面板上的数码管显示相应的仓位号。当出现故障时,电动机停止运行。在紧急情况下,按下紧急按钮,送货物送回原来的位置,只有当故障排除后,才能重新运行。

4. 传感器位置检测控制程序

传感器位置检测控制程序如图 80-4 所示。程序第 1~3 段是实现系统的初始化,即让各个轴回到初始位置。程序的第 4~7 段是实现各个轴的限位的。子程序 PLS_CH0、PLS_CH1 是分别用于控制脉冲发生器 PTO1、PTO1 输出脉冲的。STOP_CH0、STOP_CH1 是分别控制脉冲发生器 PTO1、PTO1 停止输出脉冲的。

5. 堆垛机位置控制子程序

堆垛机位置控制子程序如图 80-5 所示。该子程序是用于 PLC 发出 3 段包络线的脉冲。对于给定了起始频率、运行频率以及行程的包络线,可以根据公式计算出频率上升的斜率,基于此原则,子程序是假定外部给定起始频率、运行频率、脉冲数(即行程)3 个变量,计算出各段运行脉冲数。

网络 2 中用于将步进电机的当前脉冲值存储于 VD4200 中,通过运算得出设定值与当前脉冲值的差值 AC0,即为步进电机将要走的距离。

网络 3 用于将实际走行距离转换成脉冲数量,通过直接外部输入工程坐标值,系统就可以将其转换成实际运行脉冲值。在本例中,由于要求的脉冲数,故其当量值为 1。

网络 4 是实现电动机正反转操作。当步进电动机的距离为正值时,方向信号 Q0.2 为正,电动机向左运行,同时将走行距离直接传送给 AC2;当步进电动机的距离为负值时,方向信号 Q0.2 复位,电动机向右运行,同时将走行距离取反后直接传送给 AC2。

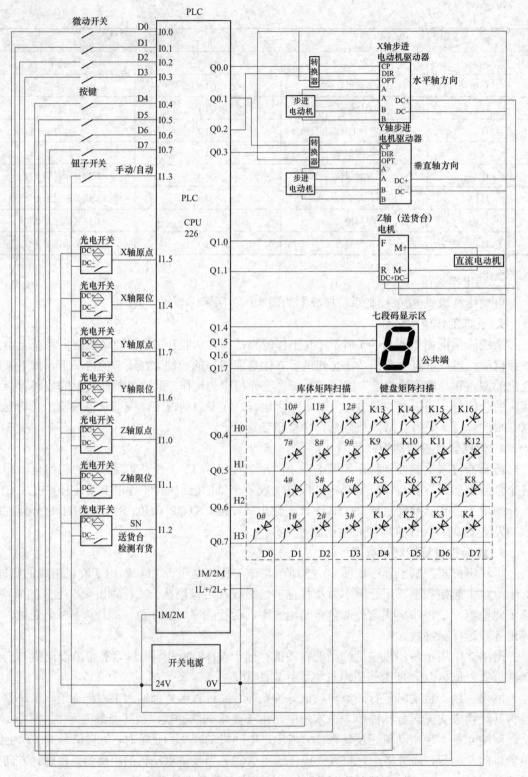

图 80－2　自动化堆垛机 PLC 控制系统接线图

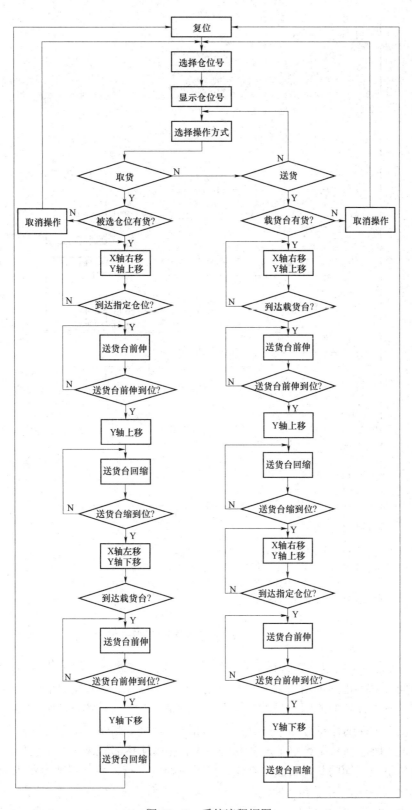

图 80-3　系统流程框图

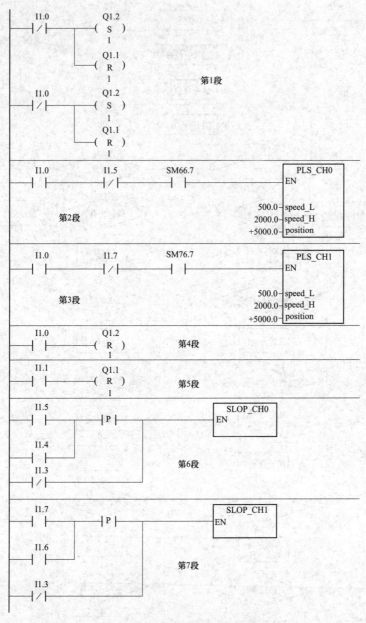

图 80-4　传感器位置检测控制程序

　　网络 7~9 是用于将包络表传送给系统相应的存储区。网络 7 用于传送第 1 段包络线。首先根据前面计算得出周期增量为−9，传送给 VW4503，可以从周期增量算出所走的脉冲数，这也是网络 7 计算的原则，最终计算出脉冲数值传送给 VD4505，作为第一段包络线所走的距离。经过上面的计算可知，对于固定的加速率，每个起始频率、运行频率都一一对应于一个脉冲值。所以当系统给定了速度以后，其加速段所走的距离是一个定值。网络 8 是用于将第 2 段包络表里面的数据传送给系统，由于恒速度运行，故其周期增量为 0。由前面可知，在加速段和减速段运行的脉冲值对于一个给定的系统是个定值，故将总共的脉冲数 P_v 减去加速段 P_u 和减速段 P_d 的数据就是在恒速运行区所走的脉冲值。基于此原则，网络 8 给出了计算过程，最终将差值 AC0 传送给 VD4513。网络 9 是用于将第 3 段包络表里面的数据传送给系统。由于加速区和减速区的脉冲值相同，只是周期增量的方向相反，故可将第 1 段的脉冲值传送给 VD4521，将第 2 段的初始周期传送给 VW4517，周期增量 VW4519 为 9。

网络 10 是为了所行距离过短导致意外产生而设计的。当脉冲总粗线条 P_v 小于加速段和减速段的脉冲之和时，恒速区所走的脉冲值就是一个负值，导致系统运行不正常，故设定当 VD4513 小于 0 时，即恒速区的脉冲值为负时，采用单段 PTO 输出方式，速度恒度为 1000Hz。

为了使包络表可用，在网络 11 中调用 PLS 指令，写入系统参数。

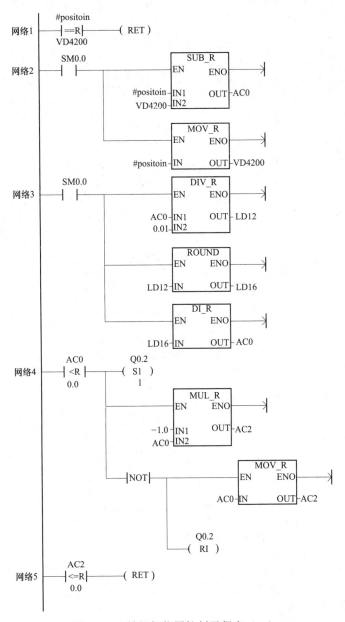

图 80-5　堆垛机位置控制子程序（一）

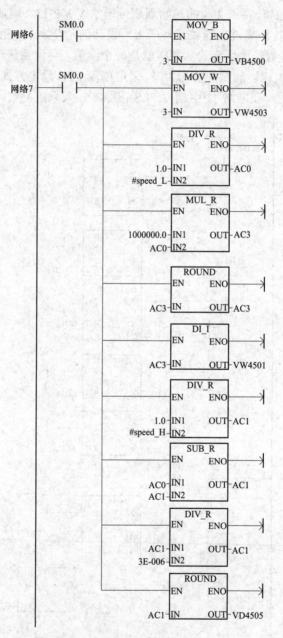

图 80-5　堆垛机位置控制子程序（二）

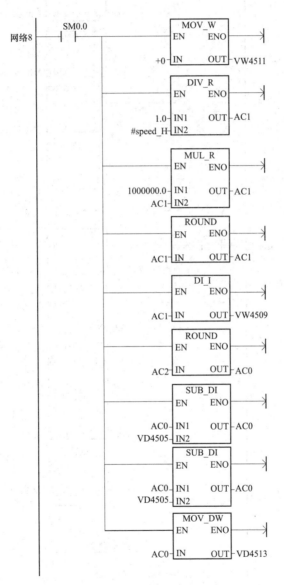

图 80-5　堆垛机位置控制子程序（三）

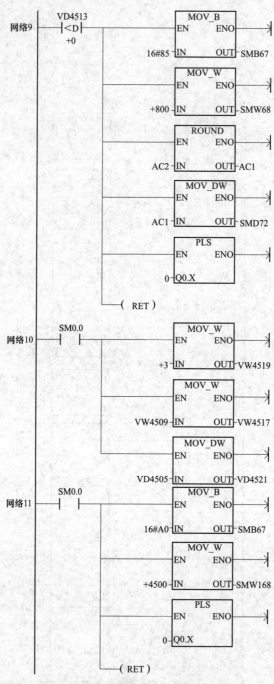

图 80-5　堆垛机位置控制子程序（四）

6. 货物出入库控制程序

货物出入库控制程序如图 80-6 所示。程序的第 1 段是进行系统的初始化及传送 Y 轴行走的偏差值。

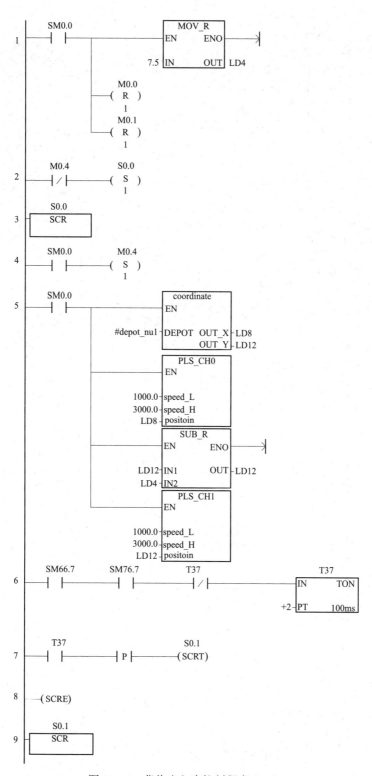

图 80-6 货物出入库控制程序（一）

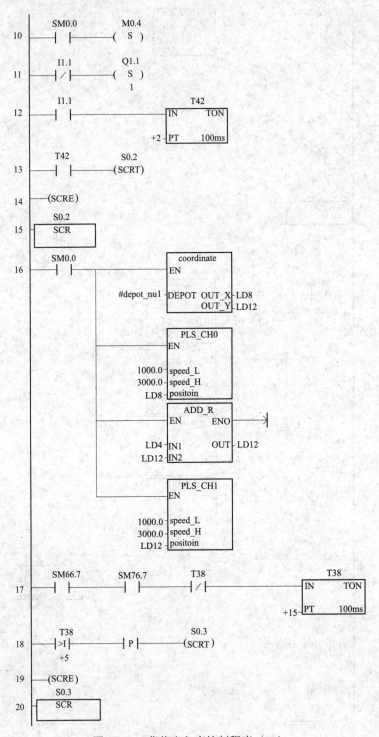

图 80-6 货物出入库控制程序（二）

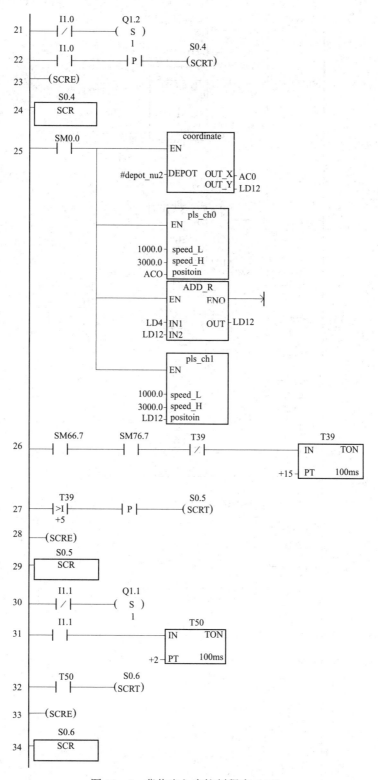

图 80-6　货物出入库控制程序（三）

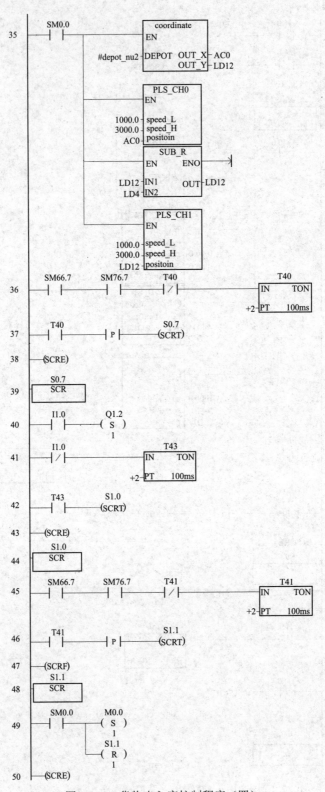

图 80-6　货物出入库控制程序（四）

程序的第 2～8 段是进行 X 轴、Y 轴的第一次的位移，到达指定的位置准备取货。

程序的第 9～14 段是控制送货台向前伸到位，为提升货物作准备。

程序的第 15～19 段是控制 Y 轴的上升，使货物转移到送货台上。

程序的第 20～23 段是控制送货台的回缩，完成货物从仓位到送货台的转移。

程序的第 24～28 段是控制起重机的第二次位移，到达预定的位置准备放货。

程序的第 29～33 段是控制送货台向前伸到位，为放置货物作准备。

程序的第 34～38 段是控制 Y 轴的下降，使货物转移到仓位上去。

程序的第 39～43 段是控制送货的回缩，完成货物从送货台到仓位的转移。

程序的第 44～50 段是控制起重机的复位，使其回到待命状态，准备下一次的动作。

例 ㉛ 用 PLC 改造 C6140 车床电路

C6140 车床电路如图 81-1 所示。

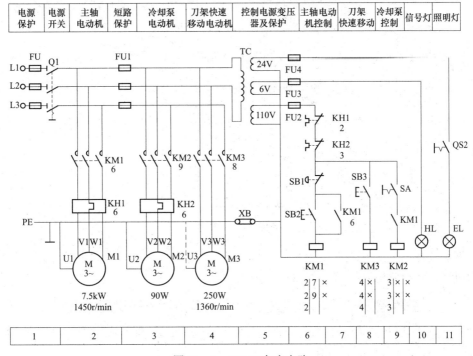

图 81-1 C6140 车床电路

1. 分配输入/输出（I/O）点数

输入/输出点数分配表见表 81-1。

表 81-1 　　　　　　　　　　　　　　输入/输出点数分配表

输　　入			输　　出		
名称	代号	输入点	名称	代号	输出点
M1 启动按钮	SB2	I0.0	M1 接触器	KM1	Q0.0
M1 停止按钮	SB1	I0.1	M2 接触器	KM2	Q0.1
M1 热继电器	KH1	I0.2	M3 接触器	KM3	Q0.2

续表

输　　入			输　　出		
名称	代号	输入点	名称	代号	输出点
M2 热继电器	KH2	I0.3	照明灯	HL	Q0.3
转换开关	SA	I0.4			
点动按钮	SB3	I0.5			
照明灯开关	QS2	I0.6			

2. 画出接线图

接线图如图 81-2 所示。

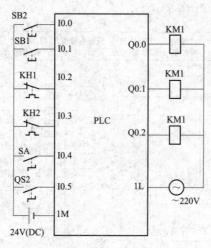

图 81-2　接线图

3. 编制程序

C6140 车床电路 PLC 程序如图 81-3 所示。

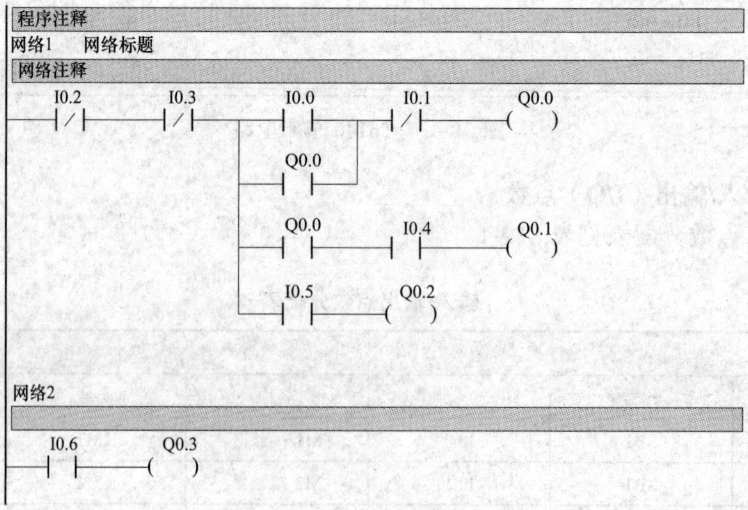

图 81-3　C6140 车床电路 PLC 程序

例 82　用 PLC 改造 CA650 车床电路

CA650 车床电路如图 82-1 所示。

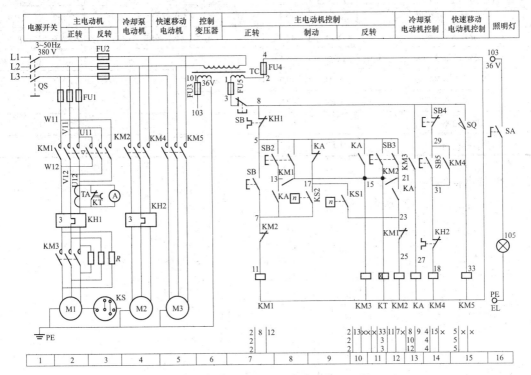

图 82-1　CA650 车床电路

具体要求：

（1）对电动机 M1 的具体控制要求是：全电压的正、反转控制，并限制点动时的电流，停车和点动完毕时均要求反接制动，并串限流电阻；用互感器 TA 和电流表 A 能测量 M1 正常工作时的主电路电流，其余时间电流表不工作；M1 有短路保护和超载保护。

（2）对 M2 只有单向运转控制和超载、短路保护的要求。

（3）对 M3 的控制类同 M2，只是没有过载保护的要求。

1. 分配输入/输出点数

输入/输出点数分配表见表 82-1。

表 82-1　　　　　　　　　　　　　输入/输出点数分配表

输　　入			输　　出		
名　　称	代号	输入点	名　　称	代号	输出点
M1 停止按钮	SB	I0.0	M1 正转接触器	KM1	Q0.0
M1 点动按钮	SB1	I0.1	M1 反转接触器	KM2	Q0.1
M1 的正转按钮	SB2	I0.2	M1 制动接触器	KM3	Q0.2
M1 的反转按钮	SB3	I0.3	M2 接触器	KM4	Q0.3

续表

输　　入			输　　出		
名　　称	代号	输入点	名　　称	代号	输出点
M2 停止按钮	SB4	I0.4	M3 接触器	KM5	Q0.4
M2 启动按钮	SB5	I0.5	电流表接入接触器	KM6	Q0.5
M4 的限位开关	SQ	I0.6			
M1 的热继电器触点	KH1	I0.7			
M2 的热继电器触点	KH2	I0.8			
速度继电器正转触点	KS1	I1.1			
速度继电器反转触点	KS2	I1.2			

2. 画出接线图

接线图如图 82-2 所示。

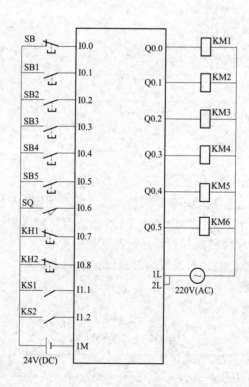

图 82-2　接线图

3. 编制程序

CA650 车床电路 PLC 程序如图 82-3 所示。

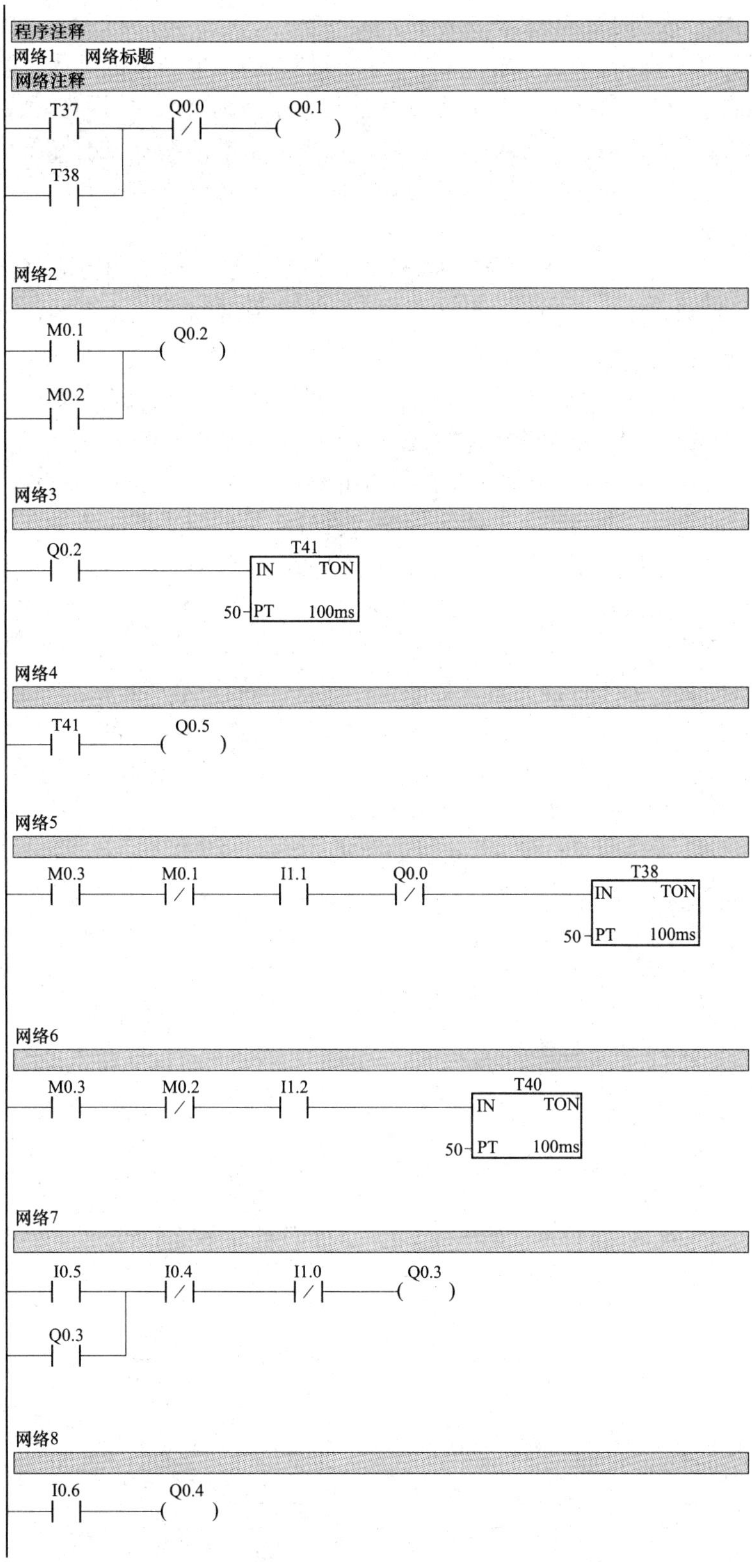

程序注释

网络1　网络标题

网络注释

```
 T37        Q0.0       Q0.1
──┤├───┬────┤/├────────( )
         │
 T38     │
──┤├─────┘
```

网络2

```
 M0.1         Q0.2
──┤├───┬─────( )
        │
 M0.2   │
──┤├────┘
```

网络3

```
 Q0.2              T41
──┤├──────────IN    TON
          50─PT   100ms
```

网络4

```
 T41        Q0.5
──┤├───────( )
```

网络5

```
 M0.3    M0.1    I1.1    Q0.0           T38
──┤├─────┤/├─────┤├──────┤/├──────IN    TON
                                50─PT   100ms
```

网络6

```
 M0.3    M0.2    I1.2            T40
──┤├─────┤/├─────┤├────────IN    TON
                         50─PT   100ms
```

网络7

```
 I0.5      I0.4    I1.0      Q0.3
──┤├───┬───┤/├─────┤/├──────( )
        │
 Q0.3   │
──┤├────┘
```

网络8

```
 I0.6        Q0.4
──┤├────────( )
```

图 82－3　C650 车床电路 PLC 程序

例 83 用 PLC 改造 M1432A 磨床电路

M1432A 型万能外圆磨床是目前比较典型的一种普通精度级外圆磨床，可以用来加工外圆柱面或外圆锥面，利用磨床上配备的内圆磨具还可以磨削内圆柱面和内圆锥面，也能磨削阶梯轴的轴肩和端平面。M1432A 型万能外圆磨床电力拖动的特点及控制要求如下。

该磨床共享 5 台电动机拖动：油泵电动机 M1，头架电动机 M2，内圆砂轮电动机 M3，外圆砂轮电动机 M4 和冷却泵电动机 M5。

（1）砂轮的旋转运动。砂轮只需单方向旋转，内圆砂轮主轴由内圆砂轮电动机 M3 经传动带直接驱动，外圆砂轮主轴由砂轮架电动机（外圆砂轮电动机）M4 经三角带直接传动，两台电动机之间应有连锁。

（2）头架带动工件的旋转运动。根据工件直径的大小和粗磨或精磨要求的不同，头架的转速是需要调整的。头架带动工件的旋转运动是通过安装在头架上的头架电动机（双速）M2 经塔轮式传动带传动，再经两组 V 形带传动，带动头架的拨盘或卡盘旋转，从而获得 6 级不同的转速。

（3）工作台的纵向往复运动。工作台的纵向往复运动采用了液压传动，以实现运动及换向的平稳和无级调速。另外，砂轮架周期自动进给和快速进退，尾架套筒快速退回及导轨润滑等也是采用液压传动来实现的。液压泵电动机 M1 拖动。要求只有油泵电动机 M1 启动后，其他电动机才能启动。

（4）当内圆磨头插入工件内腔时，砂轮架不允许快速移动，以免造成事故。

（5）切削液的供给。冷却泵电动机 M5 拖动冷却泵旋转供给砂轮和工件冷却液。

M1432A 型万能外圆磨床电路如图 83−1 所示。该电路分为主电路，控制电路和照明指示电路 3 部分。

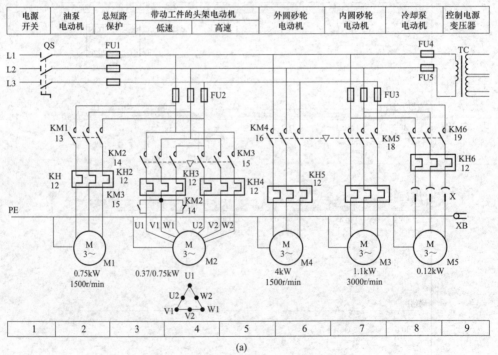

图 83−1　M1432A 型万能外圆磨床电路（一）

（a）主电路

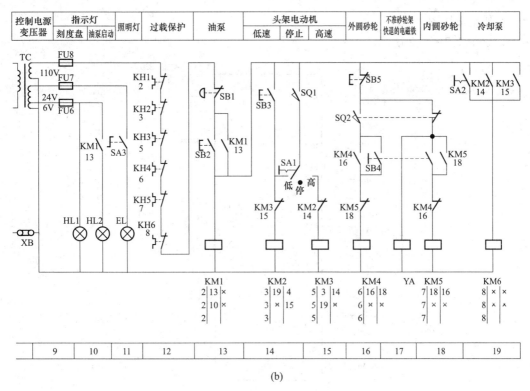

(b)

图 83-1　M1432A 型万能外圆磨床电路（二）

（b）控制与照明指示电路

1. 分配输入/输出（I/O）点数

输入/输出点数分配表见表 83-1。

表 83-1　　　　　　　　　　　输入/输出点数分配表

输入信号			输出信号		
名称	代号	输入点	名称	代号	输出点
热继电器组	KH1～KH6	I0.0	交流接触器	KM1	Q0.1
停止按钮	SB1	I0.1	交流接触器	KM2	Q0.2
启动按钮	SB2	I0.2	交流接触器	KM3	Q0.3
点动按钮	SB3	I0.3	交流接触器	KM4	Q0.4
位置开关	SQ1	I0.4	交流接触器	KM5	Q0.5
选择转速开关	SA1（高速）	I0.5	交流接触器	KM6	Q0.6
选择转速开关	SA1（低速）	I0.6	电磁铁	YA	Q0.7
启动按钮	SB4	I0.7			
停止按钮	SB5	I1.0			
冷却泵开关	SA2	I1.2			
位置开关	SQ2（外圆）	I1.1			
位置开关	SQ2（内圆）	I1.3			

2. 画出接线图

接线图如图83-2所示。

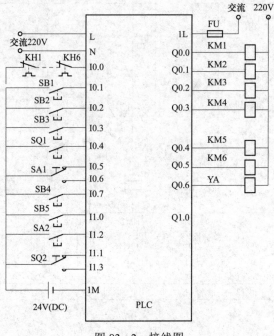

图 83-2 接线图

3. 编制程序

M1432A 型万能外圆磨床电路 PLC 程序如图 83-3 所示。

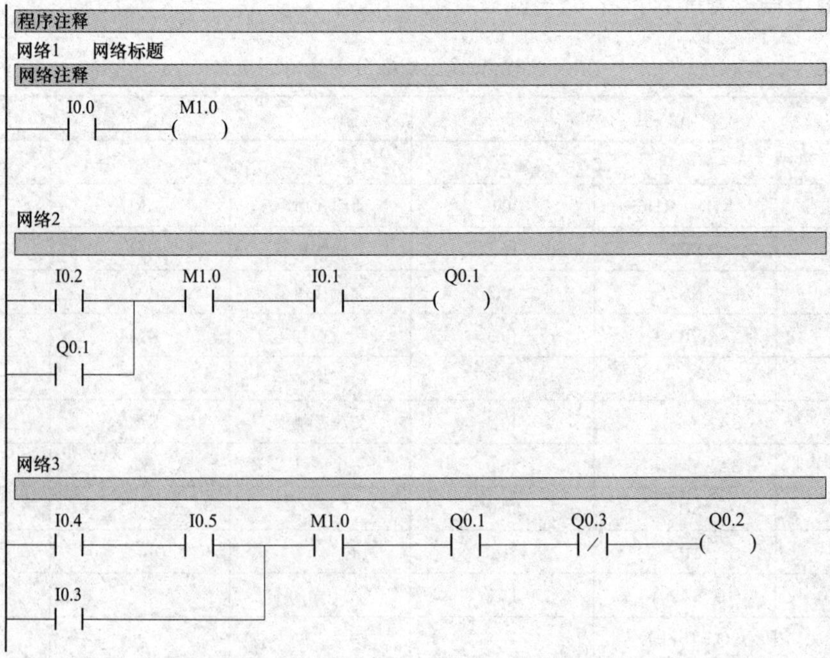

图 83-3 M1432A 型万能外圆磨床电路 PLC 程序（一）

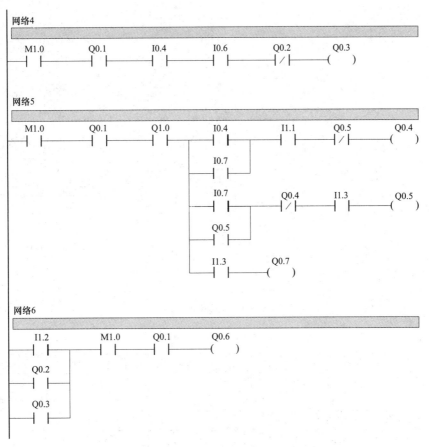

图 83－3　M1432A 型万能外圆磨床电路 PLC 程序（二）

例 84　用 PLC 改造 Z3040 钻床电路

Z3040 钻床电路如图 84－1 所示。

具体要求：

（1）对 M1 电动机的要求：单方向旋转，有超载保护。

（2）对 M2 电动机的要求：全压正反转控制，点动控制；启动时，先启动电动机 M3，再启动电动机 M2；停机时，电动机 M2 先停止，然后电动机 M3 才能停止。电动机 M2 设有必要的互锁保护。

（3）对电动机 M3 的要求：全压正反转控制，设长期超载保护。

（4）电动机 M4 容量小，由开关 SA 控制，单方向运转。

1. 分配输入/输出（I/O）点数

根据图 84－1 找出 PLC 控制系统的输入/输出信号，共有 13 个输入信号，9 个输出信号。照明灯不通过 PLC 而由外电路直接控制，可以节约 PLC 的输入/输出点数。输入/输出点数分配表见表 84－1。

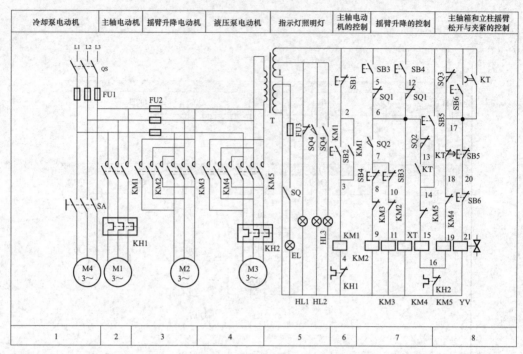

图 84-1　Z3040 钻床电路

表 84-1　　　　　　　　　　　　　　　输入/输出点数分配表

输入信号	输入点	输出信号	输出点
摇臂下降限位行程开关 SQ5	I0.0	电磁阀 YV	Q0.0
电动机 M1 启动按钮 SB1	I0.1	接触器 KM1	Q0.1
电动机 M1 停止按钮 SB2	I0.2	接触器 KM2	Q0.2
摇臂上升按钮 SB3	I0.3	接触器 KM3	Q0.3
摇臂下降按钮 SB4	I0.4	接触器 KM4	Q0.4
主轴箱松开按钮 SB5	I0.5	接触器 KM5	Q0.5
主轴箱夹紧按钮 SB6	I0.6	指示灯 HL1	Q1.0
摇臂上升限位行程开关 SQ1	I0.7	指示灯 HL2	Q1.1
摇臂松开行程开关 SQ2	I1.0	指示灯 HL3	Q1.2
摇臂自动夹紧行程开关 SQ3	I1.1		
主轴箱与立柱箱夹紧松开行程 SQ4	I1.2		
电动机 M1 超载保护 KH1	I1.3		
电动机 M2 超载保护 KH2	I1.4		

2. 画出接线图

根据输入/输出点数分配结果绘制接线图，如图 84-2 所示。在接线图中热继电器和保护信号仍采用动断触点作输入，主令电器的动断触点可改用动合触点作输入，使编程简单。接触器和电磁阀线圈用交流 220V 电源供电，信号灯采用交流 6.3V 电源供电。

3. 编制程序

Z3040 钻床电路 PLC 程序如图 84-3 所示。

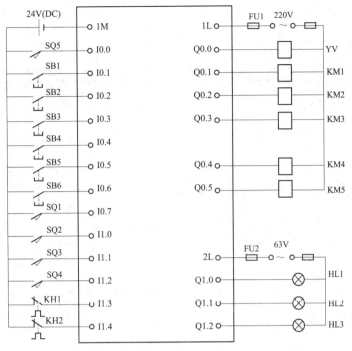

图 84-2　接线图

图 84-3　Z3040 钻床电路 PLC 程序（一）

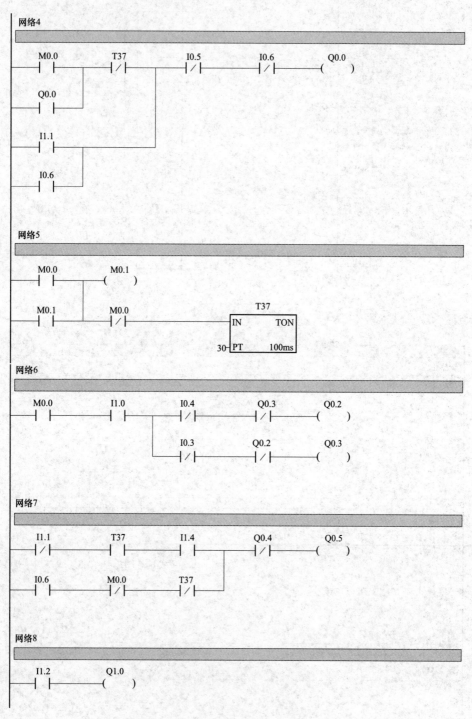

图 84-3 Z3040 钻床电路 PLC 程序（二）

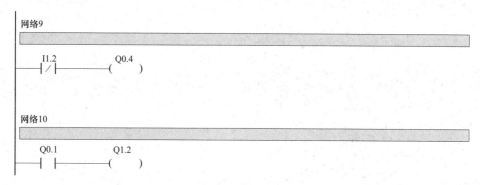

图 84-3 Z3040 钻床电路 PLC 程序（三）

例 85 用 PLC 改造 Z3050 钻床电路

　　Z3050 摇臂钻床是一种用途广泛的孔加工机床，Z3050 钻床电路如图 85-1 所示。Z3050 钻床共有 4 台电动机。除冷却泵电动机采用断路器直接启动外，其余 3 台异步电动机均采用接触器直接启动。

　　M1 是主轴电动机，由接触器 KM1 控制，只要求单方向旋转，主轴的正反转由机械手柄操作。M1 装于主轴箱顶部，拖动主轴及进给传动系统运转。热继电器 FR1 作为电动机 M1 的超载及断相保护，短路保护由断路器 QF1 中的电磁脱扣器装置来完成。

　　M2 是摇臂升降电动机，用接触器 KM2 和 KM3 控制其正反转。由于电动机 M2 是间断性工作，所以不设超载保护。

　　M3 是液压泵电动机，用接触器 KM4 和 KM5 控制其正反转。由热继电器 FR2 作为超载及断相保护。该电动机的主要作用是拖动油泵供给液压装置压力油，以实现摇臂、立柱以及主轴箱的松开和夹紧。

　　摇臂升降电动机 M2 和液压泵电动机 M3 共享断路器 QF3 中电磁脱扣器作为短路保护。

　　M4 是冷却泵电动机，由断路器 QF2 直接控制，并实现短路、超载及断相保护。

　　电源配电盘在立柱前下部。冷却泵电动机 M4 装于靠近靠近立柱的底座上，升降电动机 M2 装于立柱顶部，其余电气设备置于主轴箱或摇臂上。由于 Z3050 钻床内、外立柱间未装设汇流环，故在使用时，请勿沿一个方向连续转动摇臂，以免发生事故。

　　主电路电源电压为交流 380V，断路器 QF1 作为电源的引入开关。

1. 分配输入/输出（I/O）点数

　　（1）机床的控制信号：启动、停止；摇臂的升降控制；立柱和主轴箱松开和夹紧都需要输入 PLC；

　　（2）用 PLC 控制主轴电动机 M1 的单方向旋转，主轴的正反转仍由机械手柄操作，并设置超载和短路保护。

　　（3）用 PLC 控制摇臂升降电动机 M2 的正反转。

　　（4）用 PLC 控制液压泵电动机 M3 的正反转。由热继电器 FR2 作为超载及断相保护。

　　（5）时间继电器的延时控制用 PLC 的定时器替代。

　　（6）冷却泵电动机 M4 需要手动控制，故不需要用 PLC 控制。

　　以上的输入和输出信号都属于开关量，故根据各输入和输出信号的数量和性质，选择合适的 PLC 型号和硬件。本机床的电气改造采用 PLC 控制整个控制电路，具体选择西门子 S7-200 型 PLC 作为控制机型。输入/输出点数分配表见表 85-1。

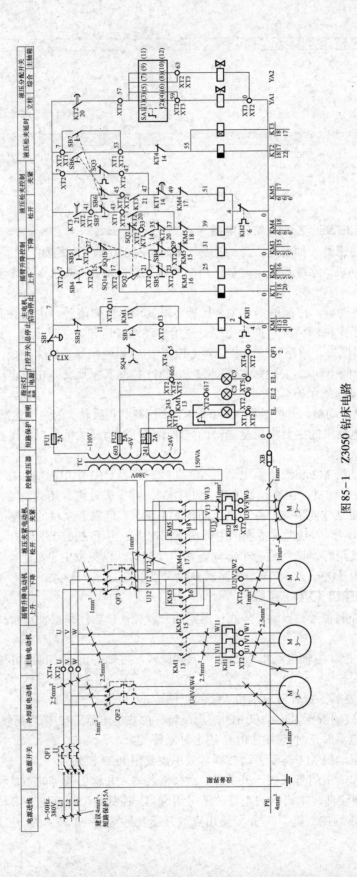

图85-1 Z3050 钻床电路

表 85-1　　　　　　　　　　　　　　输入/输出点数分配表

输　　　入			输　　　出		
名　　称	代号	输入点	名　　称	代号	输出点
停止按钮	SB1	I0.1	主轴控制接触器	KM1	Q0.1
主轴停止按钮	SB2	I0.2	摇臂正转交流接触器	KM2	Q0.2
启动按钮	SB3	I0.3	摇臂反转交流接触器	KM3	Q0.3
摇臂上升按钮	SB4	I0.4	松开交流接触器	KM4	Q0.4
摇臂下降按钮	SB5	I0.5	夹紧交流接触器	KM5	Q0.5
松开按钮	SB6	I0.6	液压交流电磁铁	YA1	Q0.6
夹紧按钮	SB7	I0.7	液压交流电磁铁	YA2	Q0.7
摇臂升降限位开关	SQ1	I1.1			
摇臂松位置开关	SQ2	I1.2			
摇臂紧位置开关	SQ3	I1.3			
门控开关	SQ4	I1.4			
万能转换开关（中间）	SA1	I2.1			
万能转换开关（左侧）	SA1	I2.2			
万能转换开关（右侧）	SA1	I2.3			

2. 画出接线图

接线图如图 85-2 所示。所有输入信号直接接在 PLC 的输入端，直流电压 24V。输出信号电压为 220V，并由熔断器作为输出端的短路保护。热继电器的动断触点串联在输出端，只要负载超载，便能切断控制电路，起到超载保护作用。

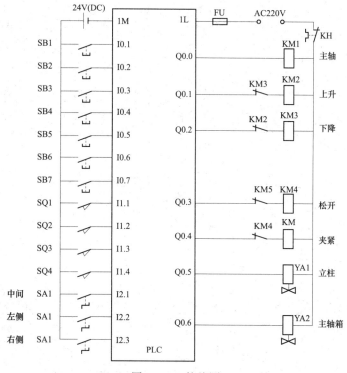

图 85-2　接线图

3. 编制程序

Z3050 钻床电路 PLC 程序如图 85-3 所示。

```
程序注释
网络1    网络标题
网络注释

  I1.4      I0.1      I0.3      I0.2      Q0.1
──┤├────────┤├───┬───┤├───────┤/├───────( )──
                 │
                 │   Q0.1
                 ├───┤├───┘
                 │
                 │   I0.4      M0.1
                 ├───┤├───────( )──
                 │
                 │   I0.5      M0.4
                 ├───┤├───────( S )──
                 │                1
                 │   M0.1      M0.4              T38
                 ├───┤/├───────┤├────────────┌──────────┐
                 │                            │IN    TON │
                 │                         30─┤PT  100ms │
                 │                            └──────────┘
                 │   M0.1      I1.2      I0.7      Q0.5      Q0.4
                 ├───┤├───┬───┤/├───────┤/├───────┤/├───────( )──
                 │        │
                 │   T40  │
                 ├───┤├───┘
                 │   M0.1      I1.2      I1.1      I0.5      Q0.3      Q0.2
                 ├───┤├───────┤/├───────┤├───┬───┤/├───────┤/├───────( )──
                 │                           │
                 │                           │   I0.4      Q0.2      Q0.3
                 │                           └───┤/├───────┤/├───────( )──
                 │   T38      I1.3      I0.6      Q0.4      Q0.5
                 ├───┤├───┬───┤/├───────┤├───────┤/├───────( )──
                 │        │
                 │   T40  │
                 ├───┤├───┘
                 │   I2.1      I0.6      M0.1      M0.2
                 └───┤├───┬───┤├───┬───┤/├───────( S )──
                     │       │            1
                     │ I2.2  │ I0.7              M0.4
                     ├─┤├────┼─┤├───────────────( R )──
                     │       │                    1
                     │ I2.3  │                   M0.3
                     └─┤├────┘                   ( )──
                                                         T40
                                                  ┌──────────┐
                                                  │IN    TON │
                                               30─┤PT  100ms │
                                                  └──────────┘
```

图 85-3 Z3050 钻床电路 PLC 程序（一）

252

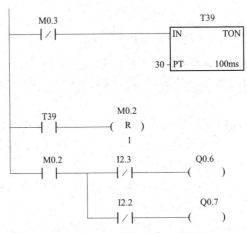

图 85-3 Z3050 钻床电路 PLC 程序（二）

例86 用 PLC 改造 X62W 万能铣床电路

X62W 万能铣床电路如图 86-1 所示。该铣床共享 3 台异步电动机拖动，它们分别是主轴电动机 M1、进给电动机 M2 和冷却泵电动机 M3。

电源开关及保护	主轴电动机	冷却泵电动机	进给电动机	整流变压器及整流器		控制变压器照明	主轴控制	快速进给控制	工作台进给控制
				主轴制动	工作台快速移动		冲动、起动、制动		冲动，上、下、左、右、前、后移动

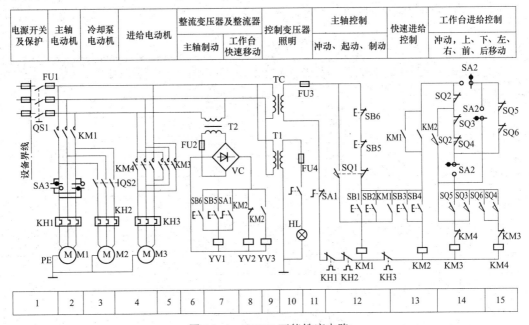

图 86-1 X62W 万能铣床电路

具体要求：

（1）铣削加工有顺铣和逆铣两种加工方式，所以要求主轴电动机能正反转，但考虑到正反转操作并不频繁（批量顺铣或逆铣），因此在铣床床身下侧电器箱上设置一个组合开关，来改变电源相序实现主轴电动机的正反转。由于主轴传动系统中装有避免振动的惯性轮，使主轴停车困难，故主轴电动机采用电磁离合器制动以实现准确停车。

（2）铣床的工作台要求有前后、左右、上下 6 个方向的进给运动和快速移动，所以也要求进给电动机能正反转，并通过操纵手柄和机械离合器相配合来实现。进给的快速移动是通过电磁铁和机械挂挡来完成的。为了扩大其加工能力，在工作台上可加装圆形工作台，圆形工作台的回转运动是由进给电动机经传动机构驱动的。

（3）根据加工工艺的要求，该铣床应具有以下电气连锁措施：

1）为防止刀具和铣床的损坏，要求只有主轴旋转后才允许有进给运动和进给方向的快速移动。

2）为了减小加工件表面的粗糙度，只有进给停止后主轴才能停止或同时停止。该铣床在电气上采用了主轴和进给同时停止的方式，但由于主轴运动的惯性很大，实际上就保证了进给运动先停止，主轴运动后停止的要求。

3）6 个方向的进给运动中同时只能有一种运动产生，该铣床采用了机械操纵手柄和位置开关相配合的方式来实现 6 个方向的连锁。

（4）主轴运动和进给运动采用变速盘来进行速度选择，为保证变速齿轮进入良好啮合状态，两种运动都要求变速后作瞬时点动。

（5）当主轴电动机或冷泵电动机超载时，进给运动必须立即停止，以免损坏刀具和铣床。

（6）要求有冷却系统、照明设备及各种保护措施。

1. 分配输入/输出（I/O）点数

输入/输出点数分配表见表 86-1。

表 86-1   输入/输出点数分配表

输　入		输　出	
名称	输入点	名称	输出点
主轴启动按钮 SB1	I0.0	主轴接触器 KM1	Q0.0
主轴启动按钮 SB2	I0.1	快进接触器 KM2	Q0.1
快进点动按钮 SB3	I0.2	进正转接触器 KM3	Q0.2
快进点动按钮 SB4	I0.3	进给反接触器 KM4	Q0.3
停止制动按钮 SB5	I0.4	M1 正转接触器 KM5	Q0.4
停止制动按钮 SB6	I0.5	M1 反转接触器 KM6	Q0.5
主轴冲动按钮 SQ1	I0.6	冷却泵接触器 KM7	Q0.6
进给冲动按钮 SQ2	I0.7	总电源接触器 KM8	Q0.7
向下向前按钮 SQ3	I1.0	主轴制动离合器 YVI	Q1.0
向上向后按钮 SQ4	I1.1	正常进给离合器 YV2	Q1.1
向右按钮 SQ5	I1.2	快进电磁离合器 YV3	Q1.2
向左按钮 SQ6	I1.3	YV	Q1.3
主轴换刀按钮 SA1	I1.4	电源指示 HL1	Q1.4
圆工作台按钮 SA2	I1.5	主轴正转指示 HL2	Q1.5
主轴正反按钮 SA3	I1.6	主轴反转指示 HL3	Q1.6
主轴热保护 FR1	I1.7	冷却泵指示 HL4	Q1.7
冷却泵热保护 FR2	I2.0	快进指示 HL5	Q2.0
快进电机热保护 FR3	I2.1	快退指示 HL6	Q2.1
总电源开关按钮 QS1	I2.2		
冷却泵控制按钮 QS2	I2.3		

2. 画出接线图

接线图如图86-2所示。

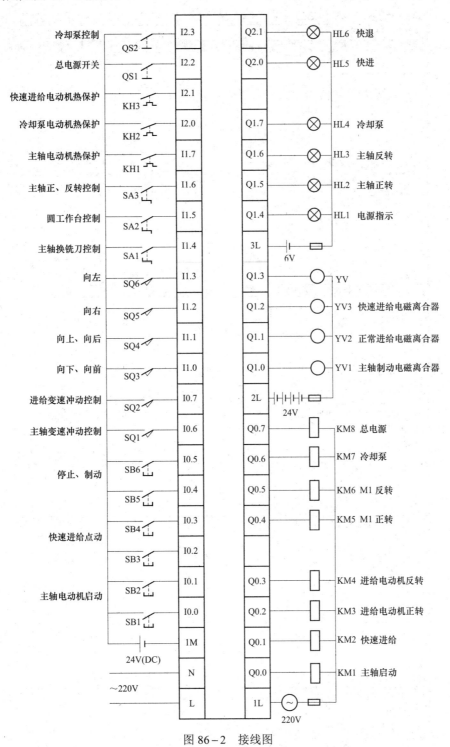

图86-2 接线图

3. 编制程序

X62W 万能铣床电路 PLC 程序如图 86-3 所示。

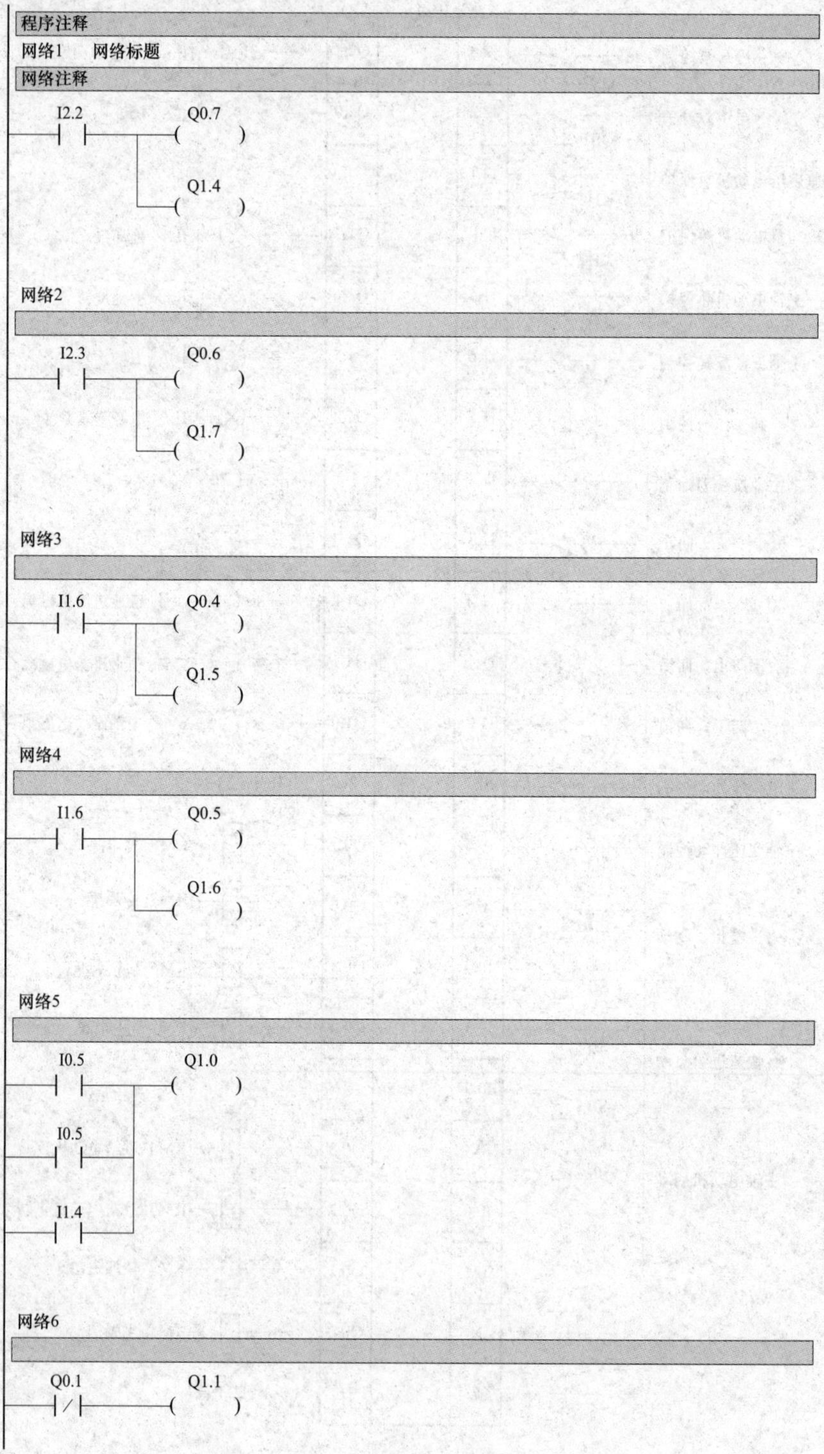

图 86-3　X62W 万能铣床电路 PLC 程序（一）

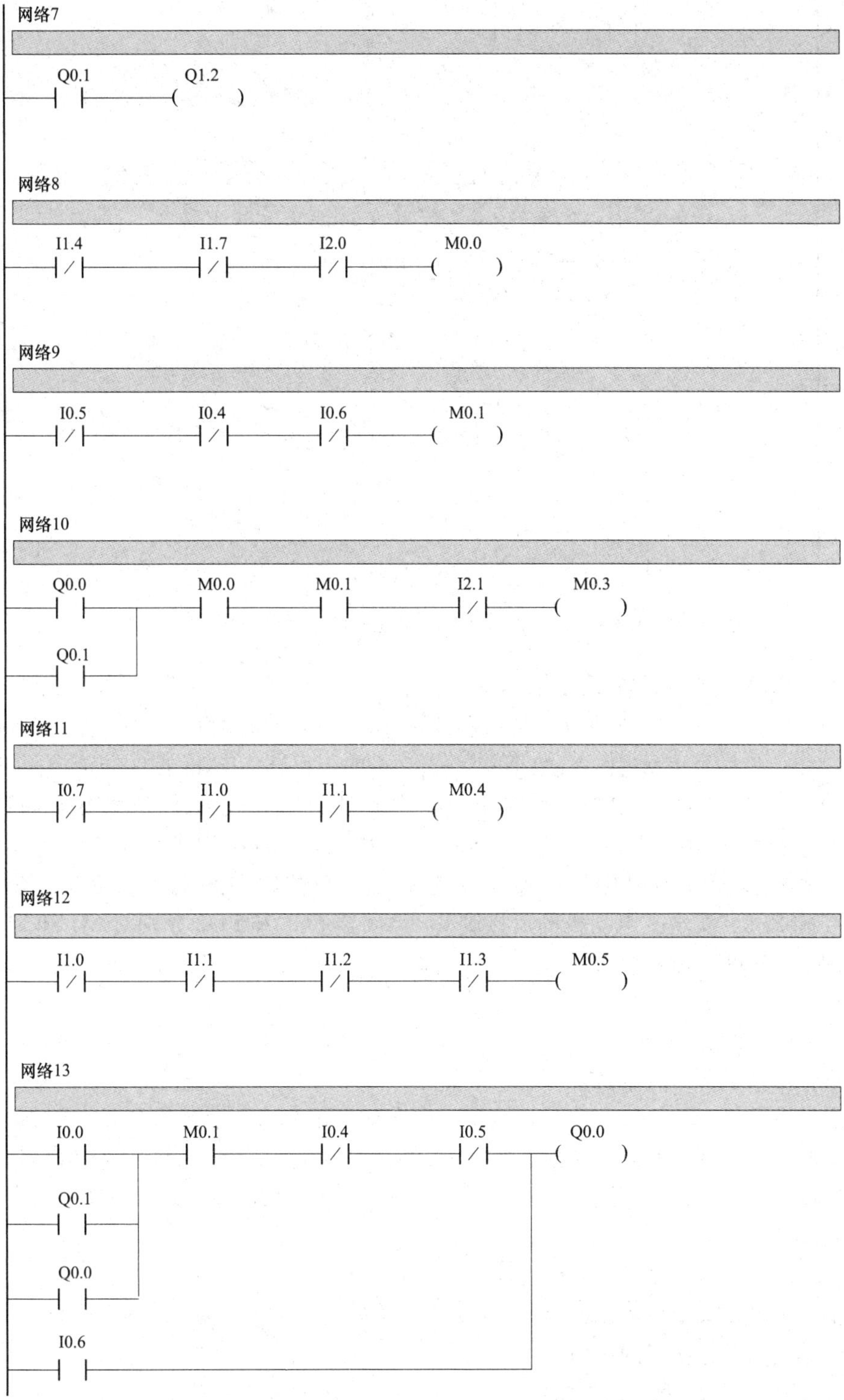

图 86-3 X62W 万能铣床电路 PLC 程序（二）

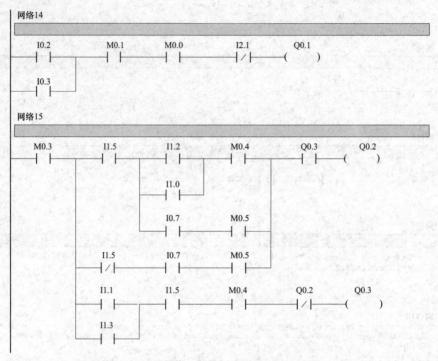

图 86-3 X62W 万能铣床电路 PLC 程序（三）

例 87 用 PLC 改造 T68 镗床电路

T68 镗床电路如图 87-1 所示。T68 镗床主电路有两台电动机，主轴电机 M1 和快速移动电动机 M2。接触器 KM1 和 KM2 控制主电动机的正反转，KM3 控制限流电阻 R 是否串入主电动机电路，KM4 和 KM5 控制主电动机实现 Y—△启动，低速是△接法，高速是 YY 按法，主轴旋转和进给都由齿轮变速，主轴和进给的齿轮变速采用了断续自动低冲动。KM6 和 KM7 控制快速移动电动机拖动工作台快速移动。热继电器 FR 对主电动机起超载保护作用，速度继电器 KS 实现主电动机的反接制动，熔断器 FU1 和 FU2 分别对 M1 和 M2 电动机进行短路保护，QS 为电路隔离开关。

具体要求：

（1）主轴电动机 M1 的控制

1）主轴电动机的正反转控制。

2）主轴电动机 M1 的点动控制。按下正向电动按钮 SB4，接触器 KM1 线圈获电吸合，KM1 动合触点（22 区）闭合，接触器 KM4 线圈获电吸合。这样，KM1 和 KM4 的主触点闭合，便使电动机 M1 接成△并串电阻 R 点动。同理，按下反向点动按钮 SB5，接触器 KM2 和 KM4 线圈获电吸合，M1 反向点动。

3）主轴电动机 M1 停车反接制动。

4）主轴电动机 M1 高、低速控制。

5）主轴变速及进给变速控制。

（2）快速移动电动机 M2 控制。

（3）具有连锁保护装置。

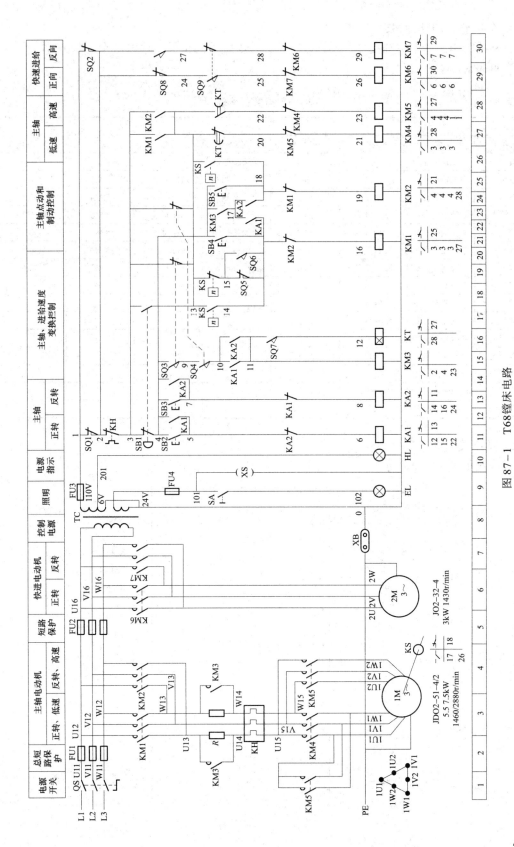

图 87-1　T68镗床电路

1. 分配输入/输出点数

T68 镗床电路中输入/输出信号共有 22 个，其中输入 15 个，输出 7 个。输入/输出点数分配表见表 87-1。

表 87-1 输入/输出点数分配表

输入				输出			
名称	功能	代号	输入点	名称	功能	代号	输出点
按钮	主轴停止	SB1	I0.0	交流接触器	M1 正转	KM1	Q0.0
按钮	主轴正转	SB2	I0.1	交流接触器	M1 反转	KM2	Q0.1
按钮	主轴反转	SB3	I0.2	交流接触器	—	KM4	Q0.2
按钮	主轴正向点动	SB4	I0.3	交流接触器	M1 低速	KM5	Q0.3
按钮	主轴反向点动	SB5	I0.4	交流接触器	M1 高速	KM3	Q0.4
行程开关	主轴连锁保护	SQ1	I0.5	交流接触器	M2 正转	KM6	Q0.5
行程开关	主轴连锁保护	SQ2	I0.6	交流接触器	M2 反转	KM7	Q0.6
行程开关	主轴变速控制	SQ3	I0.7				
行程开关	进给变速控制	SQ4	I1.0				
行程开关	主轴变速控制	SQ5	I1.1				
行程开关	进给变速控制	SQ6	I1.2				
行程开关	高速控制	SQ7	I1.3				
行程开关	反向快速进给	SQ8	I1.4				
行程开关	正向快速进给	SQ9	I1.5				
速度继电器	主轴制动用	KS	I1.7				

2. 画出接线图

接线图如图 87-2 所示。

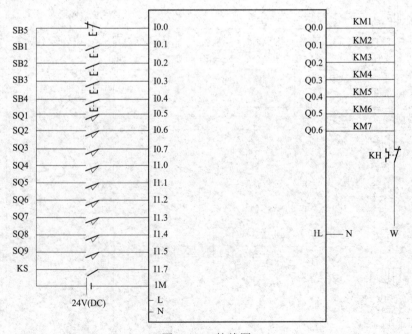

图 87-2 接线图

3. 编制程序

T68 镗床电路 PLC 程序如图 87-3 所示。

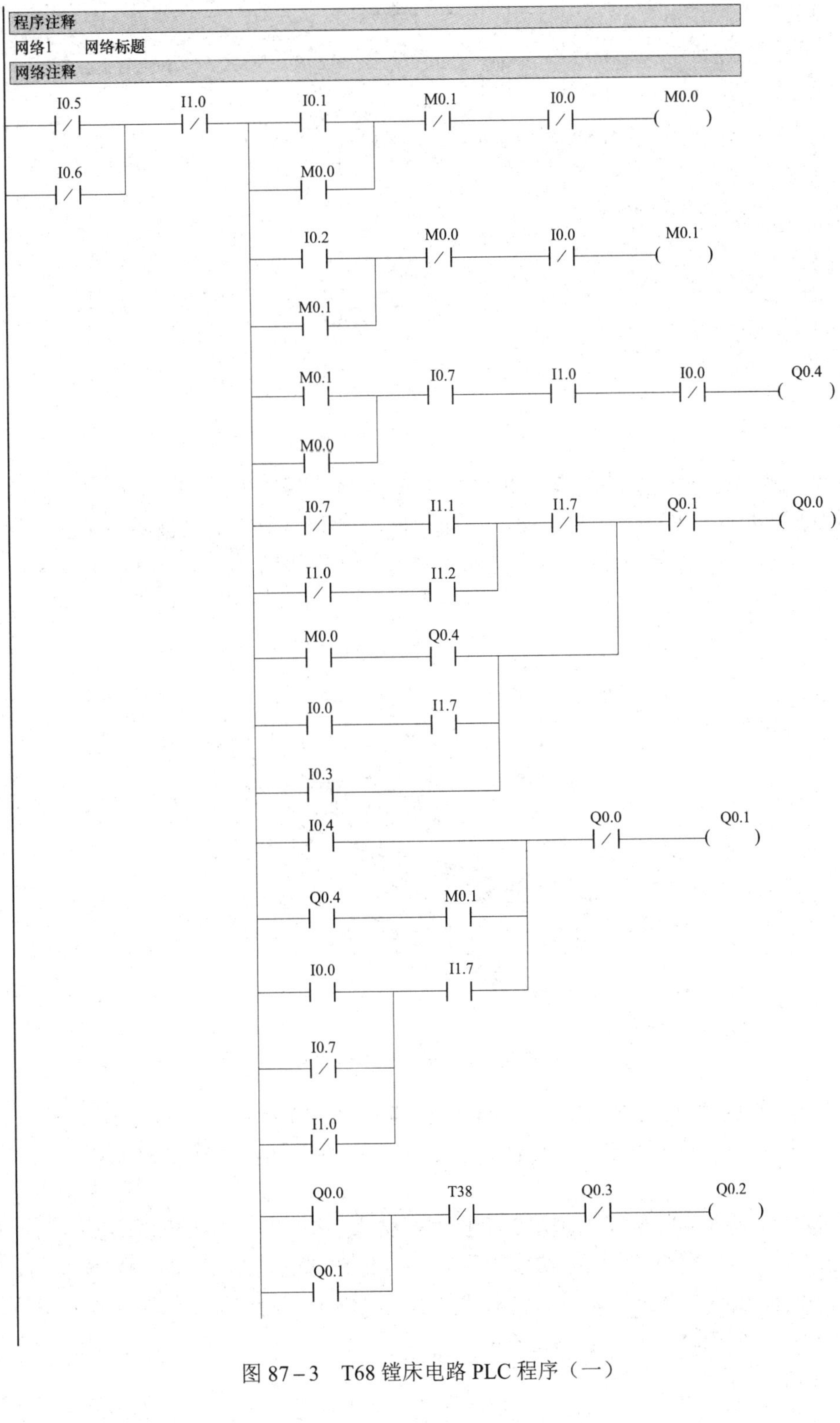

图 87-3 T68 镗床电路 PLC 程序（一）

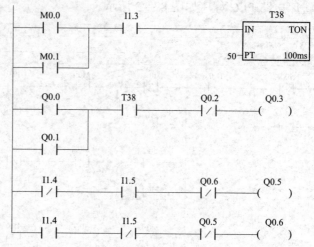

图 87-3 T68 镗床电路 PLC 程序（二）

例 88 用 PLC 改造龙门刨床电路

龙门刨床主要用来加工各种平面、斜面、槽，更适合于加工大型而狭长的工件，如机床床身、横梁、立柱、导轨和箱体等。龙门刨床的结构如图 88-1 所示，主要由 7 个部分组成。

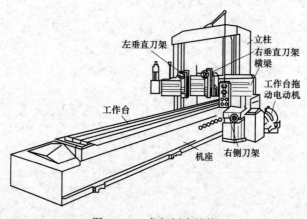

图 88-1 龙门刨床结构

龙门刨床的运动分为主运动、进给运动和辅助运动 3 种。① 主运动，工作台的往复运动；② 进给运动，刨刀垂直于主运动的运动；③ 辅助运动，横梁的夹紧、放松及升降运动。

龙门刨床主拖动系统传统上采用电机扩大机调速系统。电机扩大机由交流电动机 MB 拖动，其输出电压给发电机 G1 的励磁绕组供电，而交流电动机 MA 则拖动发电机 G1 和励磁机 G2，它们又分别给直流电动机的电枢和励磁绕组供电，通过控制线路实现对直流电动机的调速控制，其系统组成如图 88-2 所示。

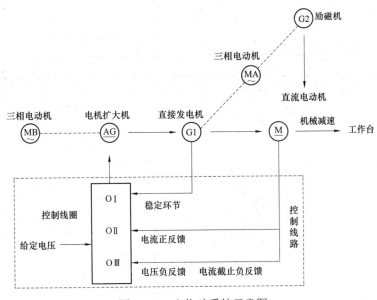

图 88-2 主拖动系统示意图

拖动系统的要求：

（1）调速范围。通常采用直流电动机调压调速、并加一级机械变速，使工作台调速范围达 1:20，工作台低速挡的速度为 6～60m/min，高速挡为 9～90m/min。刨台运行速度较低时，刨刀允许的切削力由电动机的最大转矩决定。电动机确定后，即确定了低速加工时的最大切削力。因此，在低速加工区，电动机为恒转矩输出；刨台运行速度较高时，切削力受机械结构的强度限制，允许的最大切削力与速度成反比，因此，电动机为恒功率输出。

（2）静差度。要求负载变动时，工作台速度的变化在允许范围内。龙门刨床的静差率一般要求为 0.05～0.1，B2012A 型为 0.1。

（3）工作台往复运动中的速度能根据要求相应变化。刨刀慢速切入（工作台开始前进时速度要慢，避免刨刀切入工件时的冲击使刨刀崩裂）、刨削加工恒速（刨刀切入工件后，工作台速度增加到规定值，并保持恒定，使得工件表面均匀光滑）、刨刀慢速退出（行程末尾工作台减速，刨刀慢速离开工件，防止工件边缘剥落，减小工作台对机械的冲击）。除此之外，还包括快速返回和缓冲过渡过程。

（4）调速方案能满足负载性质的要求，$n<25r/min$ 时输出转矩恒定，$n>25r/min$ 时输出功率恒定，低速磨削时 $n=1r/min$。另外，工作台正反向过渡过程快，且有必要的连锁。

控制电路的具体要求：

（1）调整机床时，工作台能以较低的速度"步进"或"步退"；能按规定的速度图完成自动往复循环；工作台停止时有制动，防止"爬行"；磨削时应低速；有必要的连锁保护。

（2）在 B2012A 型龙门刨床的床身上装有 6 个行程开关，即前进减速 SQ1、前进换向 SQ2、后退减速 SQ3、后退换向 SQ4、前进终端 SQ5、后退终端 SQ6。工作台侧面装有 A、B、C、D 4 个撞块，如图 88-3 所示。减速与换向行程开关的工作情况见表 88-1。

（3）当主拖动机组启动完毕，横梁已经夹紧，油泵已经工作，并且机床润滑油供给情况正常时，工作台自动往返工作的控制电路应处于准备状态。

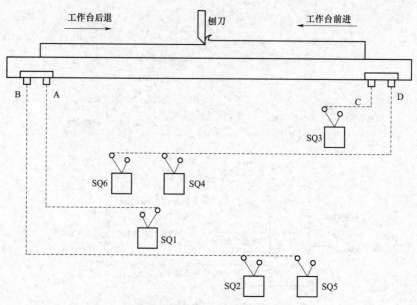

图 88-3　行程开关布置示意图

表 88-1　　　　　　　　　　　　减速与换向时行程开关状态表

触点 \ 状态		原位	加速	工进	减速	停止	快速退回			减速	停止
前进减速行程开关	SQ1	-	-	-	+	+	+	-	-	-	-
前进换向行程开关	SQ2	-	-	-	-	+	-	-	-	-	-
后退减速行程开关	SQ3	+	-	-	-	-	-	-	-	+	+
后退换向行程开关	SQ4	+	-	-	-	-	-	-	-	-	+

注　"+"表示行程开关动作接通,"-"表示行程开关不动作。

1. 分配输入/输出点数

根据系统的控制要求,可以利用变频器的多段速度运行功能满足工作台往复运动时的速度要求。低速时用于刨刀切入、刨刀退出,中速时用于刨削加工,高速时用于空刀返回。SQ1~SQ6 用于工作台在工作过程中的减速与换向。输出点包括变频器的控制、刀架的运动控制及原点指示与制动。输入/输出点数分配表见表 88-2。

表 88-2　　　　　　　　　　　　输入/输出点数分配表

输　入		输　出	
功能/名称	输入点	功能/名称	输出点
手动前进	I0.0	STF	Q0.0
手动后退	I0.1	STR	Q0.1

输　　入		输　　出	
功能/名称	输入点	功能/名称	输出点
刀架左移	I0.2	RH	Q0.2
刀架右移	I0.3	RM	Q0.3
刀架上移	I0.4	RL	Q0.4
刀架下移	I0.5	工作台原点指示	Q1.0
SQ1（前行减速）	I1.0	制动电磁铁	Q1.4
SQ2（前行换向）	I1.1	刀架左移脉冲	Q2.0
SQ3（后退减速）	I1.2	刀架右移脉冲	Q2.1
SQ4（后退换向）	I1.3	刀架上移脉冲	Q2.2
SQ5（前行终端）	I1.4	刀架下移脉冲	Q2.3
SQ6（后退终端）	I1.5	前进	Q0.0
SQ7（左限位）	I2.0	后退	Q0.1
SQ8（右限位）	I2.1		
SQ9（上限位）	I2.2		
SQ10（下限位）	I2.3		
启动	I2.4		
停止	I2.5		
急停	I2.6		

2. 画出接线图

在系统中设置了工作台的手动前进与后退（慢速）控制，并设计了刀架的手动控制，方便加工开始时，直接将刨刀放在合适的位置，提高生产的效率。另刀架的运动，是根据刨刀运动的方向，由 PLC 发一相应的控制脉冲，再由刀架控制系统驱动刀架的移动。当工作台到达原点时，原点指示灯点亮，提示操作人员当前工作台的状态。当工作台停止运行时，Q1.4 所控制的电磁铁动作，起制动的作用，防止工作台的"爬行"。SQ1～SQ6 如前文所述，是工作台中的各位置检测处，SQ7～SQ10 为刀架上下左右 4 个位置的限位开关。接线图如图 88-4 所示。

3. 变频器 6 段速设置

工作台的运行中，要求有 6 种不同的速度，在此采用变频器的 7 段速功能（其中 1 速不用），其 6 段速的设定见表 88-3 所示。变频器其他的基本运行参数设定见表 88-4。

4. 编制程序

（1）绘制状态流程图。利用 PLC 状态转移中的多进程的特性，这里设立 3 个流程，分别是：进程 1，正常工作进程；进程 2，工作过程的停止操作；进程 3，工作过程的紧急停止。龙门刨床的加工流程如图 88-5 所示。

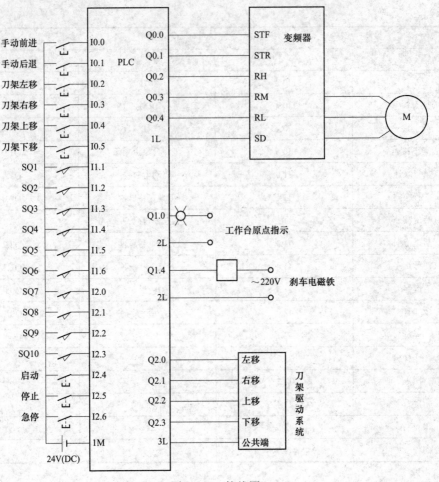

图88-4 接线图

表88-3   **6 段 速 的 设 置 表**

名称	对应控制端	参数号（Pr.）	设置值/Hz
速度 1	RH	4	10
速度 2	RM	5	15
速度 3	RL	6	20
速度 4	RM、RL	24	25
速度 5	RH、RL	25	45
速度 6	RH、RM	26	50
速度 7	RH、RM、RL	27	—

表88-4   **基本运行参数设定表**

参数名称	参数号（Pr.）	设定值
提升转矩	0	5%
上限频率	1	50Hz

续表

参数名称	参数号（Pr.）	设定值
下限频率	2	3Hz
基底频率	3	50Hz
加速时间	7	5s
减速时间	8	5s
电子过流保护	9	3A（以实际使用电动机为准）
加减速基准频率	20	50Hz
操作模式	79	2

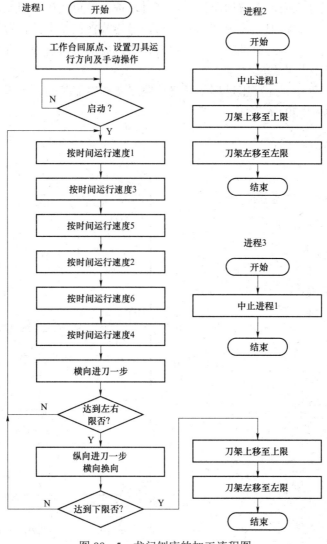

图 88-5　龙门刨床的加工流程图

进程1：在刚开始时，可以手动对龙门刨床的工作台进行慢速地前进后退、刀架的上下左右移动操作，可以在此阶段调整刀架的高度及左右和下限位，同时还可调整工作台的前行与后退的减速与换向的行程开关位置。在上述内容调整好之后，先使工作台回原点，然后就等待运行指令。

当按下启动按钮后，工作台就按照工艺所要求的运行程序开始运行。在切削的过程中，不同的工作台位置，其运行速度是不同时，根据要求在程序当中设定时间与速度的关系，为提高可靠性，还要根据行程开关的动作（即工作台的位置）对速度和换向同样做出限定，位置开关与时间的条件是逻辑或的关系。刨刀刨一条线后，刀架横向进给一步，再刨第二刀，如此反复重复，当刨刀到达横向限位时，完成该面一层的切削，便纵向进给一步，改变刨刀横向进给的方向，再重复上一层的切削过程，也是如此反复地重复一层层的切削，当下限开关动作时，表明该面的加工完成，刀架先上长到上限位，再移到左限位，本次操作完成。

进程2：当加工过程中，遇有情况需要停车时，按下停止按钮，启动停车的进程。在该进程中，中止进程1，并将刀架先上移，后左移，最终放置在左上的位置。

进程3：当遇到突发紧急事件时，按下急停按钮，启动急停进程。在该进程中，中止进程1，工作台与刀架保留在原地不动。

（2）设计 PLC 程序。此加工过程是严格按照步骤顺序加工的，这里采用状态转移的方法编程，参考程序如图 88-6 所示。

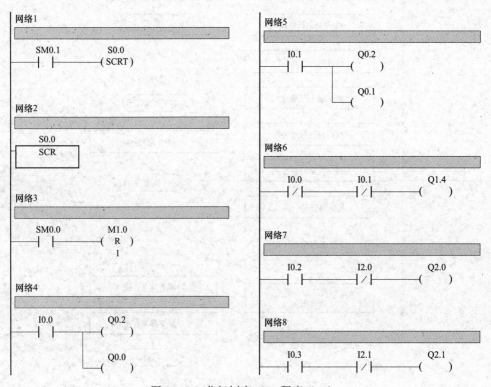

图 88-6　龙门刨床 PLC 程序（一）

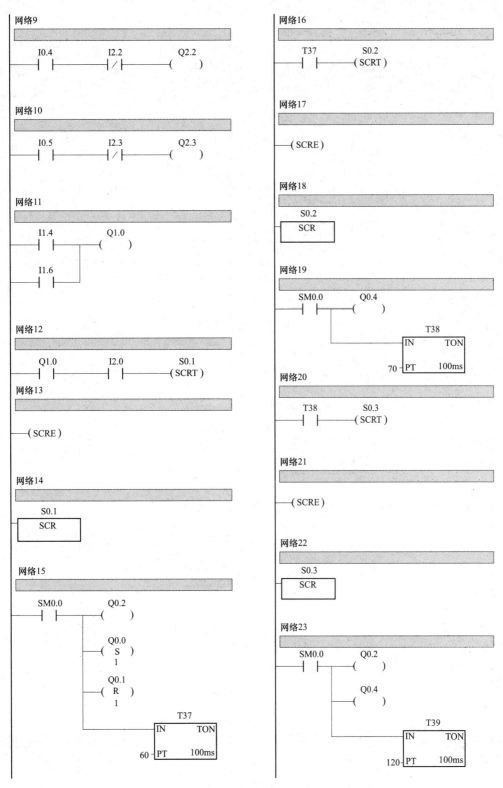

图 88-6 龙门刨床 PLC 程序（二）

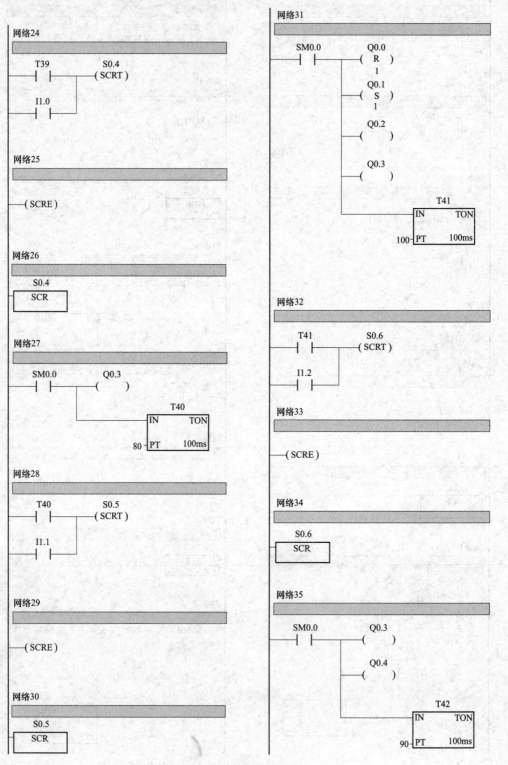

图 88-6 龙门刨床 PLC 程序（三）

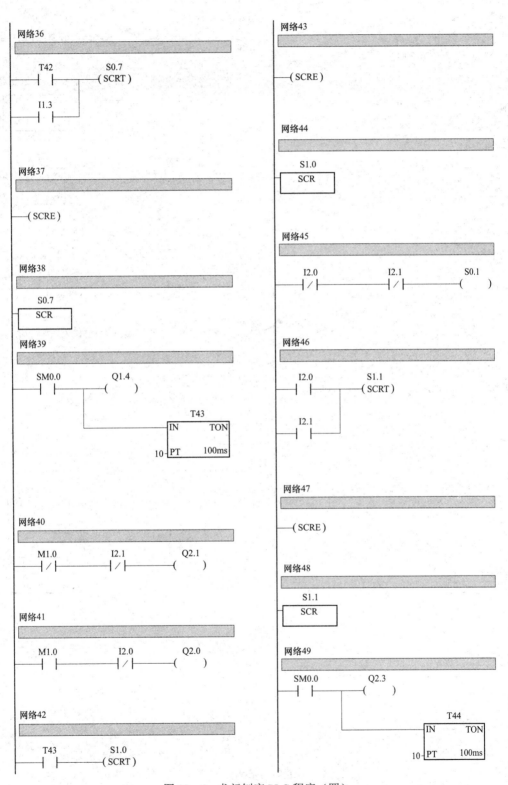

图 88-6 龙门刨床 PLC 程序（四）

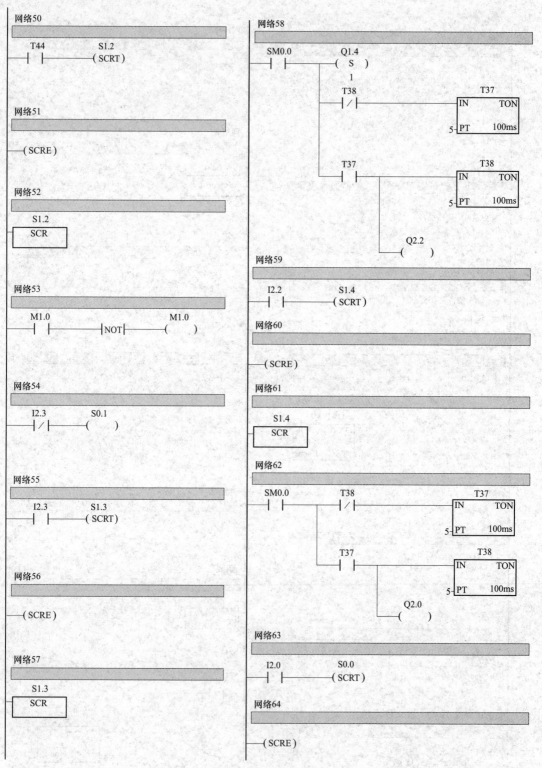

图 88-6 龙门刨床 PLC 程序（五）

参 考 文 献

［1］ 王建，张宏，徐洪亮. 可编程控制器操作实训. 北京：机械工业出版社，2007.

［2］ 瞿彩萍. PLC 应用技术. 北京：中国劳动和社会保障出版社，2006.

［3］ 王建，等. 西门子 PLC 入门与典型应用. 北京：中国电力出版社，2010.

［4］ 王建，等. PLC 实用技术（西门子）. 北京：机械工业出版社，2012.

［5］ 王建，等. PLC 实用技术. 沈阳：辽宁科学技术出版社，2011.